A-Life
使用 Python 實作人工生命模型

作って動かす ALife

実装を通した人工生命モデル理論入門

岡 瑞起、池上 高志、ドミニク・チェン、
青木 竜太、丸山 典宏　著

吳嘉芳　譯

本書使用的系統名稱、產品名稱屬於各公司的商標或註冊商標。
本書有時會省略 ™、®、© 標誌。

關於本書的內容，O'Reilly Japan（股）公司已經盡最大努力，力求正確，唯基於本書的運用結果，概不負任何責任，敬請見諒。

前言

本書目的

你聽過「人工生命」這個名詞嗎？

多數人恐怕只知道「人工智慧」，卻頭一次聽到「人工生命」吧！

這個名詞翻譯自「Artificial Life」，英文簡稱「ALife」。所謂的人工生命，是指人類借助電腦的力量，模擬生命的行為，探索「生命是什麼？」這個基本問題的領域。

筆者之所以撰寫這本書，目的是為了讓更多人對 ALife 產生興趣，同時在自己的電腦上，執行 ALife 程式，按照自己的興趣，學習新的 ALife 用法。

因此這本書最大的前提，就是探討現今運用科技思考生命究竟有何意義？

事實上，電腦的發展史也相當於科學家們試圖「計算」生命的軌跡。建立電腦數學原理的數學家 Alan Turing，在 1952 年發表了把生物模樣轉換成數學算式的「型態發生（morphogenesis）」論文。建立現代電腦基本結構的 John von Neumann，以數學定義「自我增殖」的生命行為，並於 1996 年整理成「自我增殖自動機」的研究（本書也會介紹並學習根據這兩者產生的模型所撰寫的程式）。

因此衍生出想利用電腦的運算能力，探索過去太複雜、人類無法大展身手的生命領域。即便現在科學如此進步，尚無法完全定義「生命是什麼？」，而且依附在人類身體裡的心靈與意識仍處於研究階段。

在此狀況下，ALife 並非是觀察已經存在的生命體來瞭解生命，而是建立大量「生命的本質應是如此？」的假說，基於該假說，<u>建立人工系統，藉此理解生命</u>。

現在，ALife 主要的方法論包括使用電腦軟體的手法（Soft ALife）、使用機器人等物理性機械手法（Hard ALife）、還有使用化學或遺傳工程的手法（Wet ALife）。

雖然本書定位為一邊撰寫程式，一邊學習「Soft ALife」方法的入門書，但是讀完本書，也許能找到使用了機器人的「Hard ALife」之道。對化學方法有興趣的讀者，或許可以把本書學到的軟體，應用在化學領域。

目標對象

這是一本讓想使用電腦設計生命的人，可以輕鬆閱讀，而努力撰寫的書籍。

基於這一點，這本書是寫給想使用 ALife 塑造人物角色或場景的遊戲設計師，以及希望增廣自我創造力的創意人員，而非原本就對「生命是什麼？」十分關切的自然科學研究者、工程師、致力 ALife 研究的學生。當你讀完這本書，應該可以從人工生命的角度，掌握現代科技的觀點。

ALife 也能運用在使用了人工智慧的機器學習技術上，因此我想對於人工智慧有興趣的人、或已經這麼做的人而言，這本書應該可以成為增加想法或創意廣度的契機。

此外，書中附上了執行 ALife 的程式碼。至於需要哪些程式設計技能，只要具備看了程式碼之後，大概瞭解「這個部分是在做什麼！」的程度，就沒有問題。這本書使用了在人工智慧類的程式設計中，很常使用的 Python 語言。不過就算是初次接觸 Python 的人，只要下載書中參照的程式碼，就可以執行。

本書充其量只是寫出程式並執行，著重在以身體的感覺掌握 ALife 的行為，省略了深入探討與生命有關的概念及理論。另外，這本書大幅濃縮了關於演算法及概念等可以分別深究，甚至寫成一本書的部分。

雖然這是一本很基本的入門書，但是全部讀完，實際撰寫、執行各式各樣的程式碼之後，應該可以看懂更深入的人工生命相關書籍與報導吧！

ALife 的現況與撰寫本書的理由

看到這裡，相信有很多人會想問「那麼，具體而言，ALife 究竟有何功用？」因此，我們試著比較在「實用」的現代技術領域中，具有代表性的人工智慧（Artificial Intelligence, AI）與 ALife，解答你心中的疑問。

二十世紀後半開花結果的電腦技術，為人類帶來不計其數的好處，尤其隨著人工智慧（AI）技術的發展，使得今日能找出未知疾病的處理方法，代替人類執行辛苦的勞動工作，還有增加新知識或與人邂逅的機會。

然而，卻也衍生出人類需要擁有智慧與創造力的新課題。例如，隨著網際網路的普及，我們平常要處理的資料量大幅增加，使得每個人花在創造行為的時間縮短了。

人類的理性認知能力有極限，這個部分稱作「認知界限」。人工智慧技術可以說是處理超越人類認知界限的資料量，從中分辨類型，帶來工作自動化及效率化的技術。

相對來說，人工生命（ALife）技術的特色是「創造出新的自然」。一般認為，使用人工生命可以彌補或擴大人類的智慧，從旁協助形形色色的創造行為。

例如，給予 AI 大量資料，進行機器性學習，可以自動挑選出「優質」資訊。就這層意義來看，AI 可以說擁有整理繁雜資訊並最佳化的能力。可是，針對「思考新商品」、「構思新設計」、「提出新研究的創意」等最佳化函數沒辦法建立或無法最佳化的問題，該怎麼做才好，AI 也沒有答案。

好創意通常都無法歸納在能單純定量化的資料中。因此，創造出不存在資料內的新事物，是非常重要的能力，這才是 ALife 擅長的領域。

本書由五位作者共同撰寫，他們相信利用 ALife 的理念及電腦技術，能帶來更有生命力、更活絡的社會。

長年在日本與國外倡導 ALife 研究，同時把從中衍生出來的技術，運用在藝術活動上的池上高志；以電腦科學起家，在研究網路重要行為時，對 ALife 產生興趣的岡瑞起；在網際網路上，從事拓展創用 CC（Creative Commons）的活動，同時為類神經網路的生命力著迷的 Dominick Chen；一邊經營以提出觀察新世界看法的藝術家及研究人員為對象的社群，同時相信 ALife 的存在會改變人類行為，並創造出新文化與社會的青木竜太；還有原本在模擬天文物理學，現在於池上研究室從事多重代理人模擬（Multi-agent Simulation）研究的丸山典宏。

這五位作者站在各自的觀點，渴望於現在這個時代拓展 ALife 帶來的價值。

各個章節及本書用法

本書的架構類似字典，將逐項介紹 ALife 的七個主要概念。這意謂著你可以從最感興趣的項目開始閱讀。讀完所有項目，應該就能瞭解 ALife 的各個概念之間具有何種關聯性。

第一章「ALife 是什麼」

回顧人工生命的歷史，說明人工生命並非只是電腦科學、人工智慧等運算問題，而是擴及到社會觀點的問題體系。

第二章「建立生命模式」

這一章要學習以自我組織方式，用某個部分建立形狀，再產生完整部分的結構，而不是按照設計圖來建立整個部分。

第三章「個體與自我複製」

探究虛擬分子群體製造細胞膜，產生個體，然後進行自我複製的過程。

第四章「生命群體」

瞭解複數個體以群體狀態產生行為的結構。

第五章「獲得具身化」

學習研究個體「具身化（embodiment）」的理論。

第六章「個體行為的演化」

使用遺傳演算法，檢視個體的演化過程。

第七章「行為互動」

檢視第六章演化後的個體，彼此相互作用，共同演化的情況。

第八章「意識的未來」

人工生命能否擁有意識？在最後一章，將介紹追尋這個謎題的研究及概念。

本書最大的特色是，以實際執行程式的方式，用身體感覺掌握 ALife 的行為。藉由「一邊執行，一邊理解架構」而非「理解架構後再執行」的作法，讓你瞭解 ALife 的歷史，或許也能對未來的 ALife 研究有所貢獻。本書共有八章，書中撰寫的程式對應第二章到第七章。

書中的程式全都是用 Python 撰寫而成，不論你的電腦作業系統是 Windows、Mac 或 Linux，都可以執行。

另外，本書範例程式的執行環境與套裝軟體版本如下所示。

全書

- Python 3.6.3
- NumPy 1.14.5

- Vispy 0.5.3

- PyQt 5.10.1

第五章

- Pyglet 1.3.2

- Pymunk 5.3.2

第六章及第七章

- Pillow 5.1.0

- Keras 2.2.0

- TensorFlow 1.8.0

倘若你還不熟悉 Python 及安裝相關模組，或希望能輕鬆建構出執行環境，建議你可以使用資料科學及機器學習的應用程式常用套件「Anaconda」。Anaconda 含有執行 ALife 常用的函式庫，包括 NumPy，能輕易開始設計程式。

以下是簡易的安裝方法。

「設定」

・安裝 Anaconda

https://www.anaconda.com/download/

・安裝本書範例程式所需的函式庫

安裝 Anaconda 沒有包含，但是上面有列出的軟體。請使用 Anaconda 附屬的 GUI 應用程式「Anaconda Navigator」或利用以下指令進行安裝。

```
$ pip install pyglet pymunk vispy keras tensorflow
```

請透過以下網址下載本書使用的程式：

https://github.com/alifelab/alife_book_src

如欲下載加入中文註解之程式碼，請至以下網址下載：

http://books.gotop.com.tw/download/A597

請一邊閱讀本書，一邊執行手邊的程式，實際感受 ALife 的概念。

嘗試製作 ALife

這樣就完成展開 ALife 探究之旅的準備工作了。若你可以讀完本書，對這段旅程樂在其中，我們將深感榮幸。

另外，本書的作者們建立了「ALIFE Lab.」社群，在以下 Facebook 粉絲團會發布最新活動、通知及相關訊息，請務必追蹤。

　　https://www.facebook.com/alifelab.org

讀完本書，「我製作出這種 ALife 喔！」的讀者，請加上主題標籤（hashtag）「＃製作可用的 ALife」，發布在你個人的社群媒體上。

謝詞

2017 年春天，我們向 O'Reilly Japan 的田村英男提出這本書的企劃，他對 ALife 的理念產生了共鳴，於是我們便立刻開始動筆撰寫。這本書還得到編輯過大量 O'Reilly Japan 書籍的窪木淳子協助，他一絲不苟地整理書稿，給了我們莫大的幫助。我們這群作者對兩位的專業精神由衷感謝。

非常謝謝協助檢視本書內容及程式碼的東京大學池上高志研究室小島大樹、Lana Sinapayen、升森敦士、橋本康弘等人。

除此之外，也謝謝事先閱讀本書內容，並提供回饋的 ArtHackDay 參與者堀川淳一郎、角谷啟太、泉田隆介、水落大、中農稔、石射和明、川端涉，謝謝各位的幫助。

當然，對於拿起這本書的你，我們也致上最深的感謝。倘若這裡介紹的 ALife 想法、技術，可以為你的生活帶來更多生命力，我們將深感榮幸。

2018 年 **7** 月 **1** 日
作者群

目錄

第一章
ALife 是什麼

以人工方式重現生命的想法是如何產生的呢？

這一章將概述冀望藉由代表人工生命的「ALife」運算，掌握生命機制的想法，在二十世紀到現在的資訊科學系譜，以及與人工智慧研究中，究竟是如何定位的。

1.1　科學上的生命定義

直至二十一世紀初，現代科學尚無法解開生命的全貌。儘管在整個二十世紀，地球上的生物分類急速增加，但是就我們所知，至今仍有大量未被發現的微生物。

即使我們逐漸理解生命系統的發生、成長、遺傳、自我複製、適應、演化、分化等各種機制，並透過克隆細胞、幹細胞等遺傳工程研究，在某種程度上，可以設計生命的發生，卻仍未達到整合所有生命特性，從零開始創造生命體的階段。

醫學、工學等領域追求的是製作出有益人類的東西。其中與生命有關的操作，主要是為了治療或預防人類的疾病、提高生活的便利性與效率等。人類的平均壽命持續延長，期望透過再生醫療的發展，治療不治之症，在開發新藥的過程中，運用人工智慧也提升了效果。

隨著遺傳工程的發展，由父母控制孩子的基因，製造出設計嬰兒（designer baby）也可望成真。此外，持續提升身障者的義肢技術，將讓身障者獲得超過正常人的身體能力。現在我們已經知道在生物體內，有無數微生物運作的微生物群系，會對身心健康帶來影響，而且有機栽培的有機食品或注入人工栽培菌類的食品，已大量出現在門市。

如上所示，當科技及研究工程與生命結合之後，人類對生命的認知，也從「與生俱來無法改變」逐漸轉變成「可以按照目的調整」。

可是，生命並非是為了某個目的而存在。

飛機的發明並不是為了重現鳥、昆蟲等生命，而是為了人類移動的目的，利用其他構造，重現鳥或昆蟲擁有的「飛行」特性。根據達爾文的演化論，我們瞭解到（假設理論成立時，大部分科學家相信的事情），所有生命遵循的物競天擇（Natural Selection）過程沒有目的。鳥類的翅膀發達，不是為了適應飛行，而是剛好讓翅膀發達的演化群體物適應了物競天擇的結果。

我們可以說，對受到社會合目的性（Zweckmässigkeit）驅動的工程學而言，無任何目的產生的生命現象，沒有真正全面理解的動機及存在的必要。

這恐怕是即使我們在軍事及經濟需求等強烈合目的性的推波助瀾下，創造出超先進的電腦，但是至今卻依舊無法觸及生命本質的原因之一。

我們可以說「ALife」（人工生命）面對的問題，就是生命是否能用運算這個典範來掌控。

1.2　人工生命是實驗數學

「人工生命」這個名詞是翻譯自 1986 年美國電腦科學家 Christopher Langton 提倡的「Artificial Life」，英文簡稱為「ALife」。

人工生命是指透過電腦、化學實驗、機器人實驗，探究「生命是什麼？」的領域。尤其 ALife 把現有生命（life-as-we-know-it）當作其中一部分，探索「可能存在的生命」（life-as-it-could-be）之可能性，取得研究更大型生命型態的方法。

現今，使用電腦模擬來思考生命究竟有何意義？是一個很重要的前提。

電腦的歷史是因為想釐清「計算究竟是什麼？」才開始發展的。

前言曾經提及，Alan Turing 建立了讓電腦概念成立的「可計算性理論」，而 John von Neumann 製作出實際的機器，讓該理論具體成形，他們最大的貢獻是擴大了數學這項工具的能力。這兩位有一個有趣的共通點，那就是他們都試圖用數學描述生命。Turing 在 1952 年發表了利用化學反應算式「反應擴散系統（reaction–diffusion system）」，創造生物圖紋的論文。von Neumann 在 1966 年發表的論文中，以數學方式描述生命最根本的特徵「自我增殖」[1]。

過去只能依賴緩慢的人工運算研究的領域，在現代化電腦完成之後，加快了研究的腳步。需要大量運算的數學、工程學、物理學等學問，發展突飛猛進，同時電腦的資料處理能力也持續提升。

在這樣的過程中，以往只能透過抽象概念討論「智慧是什麼？」、「生命是什麼？」等主題，如今變成可以利用電腦運算的模擬系統來驗證。不論是由 Turing 與 von Neumann 開啟的黎明期 ALife，或是同時期出現的人工智慧，都試著計算根據假說建立的智慧模型，鑽研智慧究竟是什麼。

即便如此，Turing 的反應擴散系統以及 von Neumann 的自我複製自動機自首度發表成論文，到實際在電腦上順利執行，耗費了長達數十年的時間。Langton 在 1980 年想出「Artificial Life」這個名稱，此時恰巧也是平價個人電腦普及、開始研發大規模平行處理的超級電腦年代，因此才能進行更大規模的代理人或群體模擬。

如果把使用普通紙筆算術稱作理論數學，那麼利用電腦、機器人及化學來進行運算，發現新事物的數學，就稱作實驗數學。

ALife 的研究是從抽象的生命理論中，建構瞭解生命的具體方法。我們也可以說，利用電腦這個第二個大腦，能發現生物學上第一個大腦未曾見過，無法預測的模式、現象或運動，因而衍生出 ALife 的相關研究。

例如，用電腦執行化學反應方程式，出現了「類似貝殼的」圖案，可以看到產生「遺傳某個部分的物體」或「遇到某種問題的物體」的過程。這可能是原本已知的生命模型具體化的結果，也可能是出現前所未見的未知生命模型線索。另外，有人對於「人類的觀察是否能定義獨立的生命？」，或「人類認知的『生命』結構是否重要？」也提出質疑。

本書把重點擺在使用電腦軟體的手法（Soft ALife）上，當作 ALife 的主要方法論，同時也會介紹利用機器人等物理性機器手法（Hard ALife），以及使用化學、遺傳工程的手法（Wet ALife）等。

現在我們已經可以輕易使用數十年前難以想像的多元化高效能技術。今後，除了實現偉大 ALife 前人們的夢想，應該也能創造出新的 ALife 型態或想法吧！

1.3 計算生命

「生命」這種現象以及「計算」的概念究竟是如何連在一起？

前面提到的數學家 Alan Turing 定義了現代電腦的基本運作原理，他是人工智慧的研發先鋒，

同時在 ALife 的發展上，也扮演著舉足輕重的角色。簡而言之，他是機器計算及生命計算這兩個重要概念的先驅。第二次世界大戰時，Turing 為了破解德軍的 Enigma 暗號，完成了機電設備「Bombe」。電影《模仿遊戲》也詳細描述了這個過程。

他建立可計算性的概念，想出具體執行計算的機器基本原理，亦即電腦理論。可以執行所有計算的機器，稱作「通用圖靈機（Universal Turing Machine）」，這台機器可以說具有「圖靈完備性（Turing Complete）」。

因此我們可以說是 Turing 讓運算及智慧等抽象概念具體成形。

1.3.1　生命需要的計算

那麼圖靈機的概念與生命性有何關聯？

假設生命也是一種圖靈機，結果會如何？尋覓哪裡有食物，如何留下自己的基因？在哪裡築巢可以安穩生活？怎麼做才能幸福？這些問題能用圖靈機解決嗎？

實際上，完全無法這樣用吧！因為解決這些生命系統的問題，並非全都是可以計算的問題。

這裡舉的「生命問題」，原則上可能無法計算。更何況，對生命而言，最應該思考的問題是「時間」。在有限的一生，有限的一秒鐘，最適當的策略是什麼？比起一百年後子孫的生活，生命更在意現在是否填飽肚子。

可是，圖靈機忽略了計算花費的時間，沒有進行時間最佳化，而是假設計算會無窮無盡地持續下去。但是在生命的世界裡，即使是在長時間的計算過程中，也必須下定決心或採取行動。

另外，只要用鍵盤輸入正確指令，電腦就會開始運作，但是萬一被咖啡潑到，電腦就會壞掉而動不了。可是，生物和電腦不同，沒有輸入限制。無論輸入什麼，都可以接受。

若將熱咖啡潑在人身上，對方會嚇到跳起來或燙傷，中斷到目前為止的行為，在處理完畢或心情平復之後，又可以立刻繼續下去。

圖靈機不會假設輸入帶中途扭曲或斷掉。在物理世界裡，這是很正常的，除非該系統可以解釋、處理突發狀況，否則將無法繼續下去。

圖靈機顯示了機器運算的可能性，造就了現代化電腦，同時也引發了生命與機器差異的論述（附帶一提，第二章「建立生命模式」將會說明 Turing 晚年提出了在生命世界裡，產生自我組織化的圖紋）。

理論生物學家 Michael Conrad 注意到這種生命系統擁有的「穩健性（Robustness）」。生命系統無法像電腦一樣，進行高速運算，也會出現許多「錯誤計算」，但是這種靈活因應環境變化，維持自我穩健性的能力，才能成為具有生命力的計算系統 [2]。

繼 Turing 之後，陸續建立了 DNA 計算、分子計算、類比計算、量子計算、形狀計算等新的計算典範。可是，如果這些最後都可以轉換成 Turing 的計算典範，就稱不上是全新的計算概念吧！

非容錯（Fault Tolerant 可以容許錯誤）的 DNA 計算沒有穩健性，量子計算必須製作出物理世界裡沒有的位元，所以很難轉換。因此，Conrad 提出穩健性這個生命系統特徵的概念，希望可以超越 Turing 的計算典範。

1.3.2 感測器對應動作

生命會在自體內外之間傳遞資料，並輸出入能量。

肚子餓了，一定要吃東西，否則無法維持身體運作，而且為了吃東西，一定要移動身體，找到食物。為了找到食物，必須從對應視覺、嗅覺、觸覺、聽覺的感測器（感覺器）收集到的資料中，取出與食物有關的部分。根據自外界取得的資料，判斷要往哪裡，採取何種行動。

仔細檢查來自感測器的資料，與身體的動作連動。這種從感測器的資料中，擷取資料類型或採取對應的動作，稱作「感覺運動耦合（sensorimotor coupling）」，是生命進行的基本計算之一。

現在我們已經知道，使用「深度學習（Deep Neural Network, DNN）」的階層型類神經網路，從感測器擷取資料，可以獲得不錯的效果。因此，最近 DNN 變得非常熱門。

然而，就算使用電腦的演算法，寫出感覺運動耦合需要的計算，也缺乏適應性。耦合本身必須是靈活的，可是它卻像被非常緊的繩子綁住。DNN 沒辦法隨機應變，而且至今仍有計算量過大，無法即時運算的問題。

原本針對同一感測器的輸入，要採取何種行動，會隨著內在與外在等各種上下文而改變。生物學家 Uexküll 曾說過，對寄居蟹而言，肚子餓時，海葵就是食物；不餓時，海葵是殼上的裝飾。

這些未知的狀況無法用條件式完全寫出來。如果要視狀況，進行適應性調整，就得建立與輸入無關的「內在」，但是目前的 DNN 沒有這種概念。

包含 DNN 在內，大部分的機器學習擅長把來自感測器的大量輸入分類。如果要變成適應性運算，就得把可以產生適應性行為的內在當作行動原理，而非分類資料。

因此，學者們試圖在 DNN 加入神經科學導出的 LSTM（Long Short-Term Memory；長短期記憶）等，讓狀況變成唯一。可是，生物系統原本就沒有明確、固定的內在上下文。

這裡必須再次用到 Conrad 的生命計算概念。因為我們需要的是更靈活、非事先完成的系統設計，而不是經過精密設計，建立像汽車或飛機系統的傳統型機器理論或控制理論。因此才需要一些奇怪的亂數，或可以稱作意識的部分。

基於上述概念，本書採取的結構是，以生命的自我組織化模式為起點，說明個體獲得具身化，建立群體，個體彼此作用同時演化，產生意識的生命回溯之旅。

1.4 從模控學到人工生命

人工生命及電腦科學的研究，除了生物學上定義的生命之外，也建構了把群體或社會當作一種生命的觀點。

1930 年在 Ludwig von Bertalanffy 的「一般系統理論（General System Theory）」中，提出客觀地將生命現象視為由多個構成元素組成的系統（＝ system），討論其內外的能量或資料流入流出的概念 [3]。

後來，量子力學的學者 Erwin Schrödinger 在 1944 年寫了《What is Life?》這本書，其中討論到生命系統在雜亂狀態下，與（高熵）環境相互作用，同時維持內部的低熵狀態。換句話說，產生了生命會穩定維持秩序的定義 [4]。

不久之後，在 1946 年到 1953 年美國舉行的梅西會議（Macy Conferences）上，數學家 Norbert Wiener、John von Neumann、資訊理論學家 Claude Shannon、人類學家 Margaret Mead、Gregory Bateson、心理學家 Kurt Lewin、發明家 Ross Ashby 等專家齊聚一堂，提出以系統理論掌握、探討生命與資訊問題的思考體系「模控學」。Wiener 在 1948 年出版了解說模控學概念的書籍，並以「動物與機器的控制及通訊理論」為副標題 [5]。

模控學（cybernetics）原本是由希臘文「Κυβερνήτης」演變來的，意思是「舵手」，在十九世紀 André-Marie Ampère 定義為「社會統治術」。Wiener 的模控學是觀察由多個元素構成的系統內外，如何產生資料流通，元素之間如何反應、變化，並進行設計的系統理論。

Wiener 在其中導入了回饋的概念。若任由自動機器的系統自行運作，可能會出現暴走或壞掉的情況，但是利用限制動作的負回饋，可以維持適當狀態。這種系統的特性稱作「恆常性」（homeostasis），這是生命擁有的重要特性，因此提高了把生命現象當作系統理論的機會。

出席梅西會議的專家學者，從該時期開始，於各個領域展現了非凡的成就。

Shannon 把資料傳送者與接收者的通訊（溝通）當作一種系統，並用數學方式說明，讓資料處理及通訊有了進一步的發展。他以熵方程式顯示資料的雜亂程度，準確預測資料生成與傳遞，並建立解密暗號的方法。現在網際網路的資料傳輸有相當大的比例是依賴 Shannon 的資料處理理論，因為這個理論把世界上所有內容都先轉化成定量資料。

von Neumann 除了上上節提及的自我複製自動機研究，也留下許多傲人功績。他設計了輸出入裝置，以及擁有記憶（memory）、控制裝置、運算邏輯等三個單元的系統。還和經濟學家 Oskar Morgenstern 共同建立用數學描述多個代理人競爭的模型，建立成為現代經濟學基礎的賽局理論（game theory）[6]。

然而，Wiener 一方面讚揚 von Neumann 的賽局理論提出了系統性的發展，一方面又對該理論假設代理人完全合理這一點，留下了批判性的評論。即使該理論成功解釋或預測了經濟合理性主導的大型市場，但是人類會做出錯誤判斷，而且代理人以及市場規則會出現變化也是不爭的事實。因此，我們可以說 Wiener 意識到，以有條不紊的理論，很難描述物理世界這個複雜的系統。

模控學的觀點也被帶入生命及人類的心理。Bateson 在梅西會議上認識了 Ashby，深受 Ashby 開發的恆穩狀態機器影響，在精神分析中，帶入模控學，分析出「雙束（double-bind）」心理狀態。例如，父母對於孩子說出「我愛你」的同時，卻露出冷漠的表情，孩子會感到矛盾，並影響他對這個世界的看法。

這系統化說明了多重階層的矛盾訊息會導致行為改變，同時也顯示出現實世界的溝通是在比定量資訊移動有著更複雜關聯性的網路中產生的。因此我們可以說，Bateson 想掌握的是與生命有關的資訊，而非機器資訊。這種想法即使到現在，思考 ALife 時，也能給予許多啟發。

之後，模控學持續發展。物理學家 Heinz Von Foerster 注意到生命及擁有意識的自我參照，創造出激進建構主義（Radikaler Konstruktivismus），當作觀察人類的系統，試圖描述萬物是同步構成，而非某個時間點的靜態觀察。

1970 年代，智利的神經生理學者 Francisco Varela 與 Humberto Maturana 提出「自我生成（Auto Poiesis）」理論，認為生命的單一特徵是可以自主產出自我構成元素的構造，這項理論為精神分析及社會學帶來了強烈的影響[7]。Varela 根據自我生成理論，研究電腦模擬模型（Substrate Catalyst Link, SCL，本書將在第三章說明），鑽研自主性及意識問題，希望探索對社會系統及心理系統而言，自主性的定義究竟為何[8]。

社會學家 Niklas Luhmann 把自我生成理論沿用在社會學上，提出法律、經濟、藝術等各種系統內部持續溝通，建構出人類社會的理論。

這種把生命、機器、自然現象當作系統，釐清差異與相同部分，以及掌握社會現象觀點的模控學系統理論，如今已傳承至 HCI（Human Computer Interaction）、認知科學、哲學等領域。

在互動設計研究中，把人類與機器當作一個複合系統，將內外資料的回饋迴圈結構稱作「Cybernetic Loop」，除了合目的性的技術發展之外，也逐漸解開人類的意識及認知等無目的性及生命構造的祕密。

ALife 也延續了在模控學的發展過程中，衍生出來的「計算」、「系統」、「生命」等概念。我們可以說，ALife 試圖以系統化方式，理解生命及其環境界（Umwelt 從生命系統的主觀想法建立的世界表象）等最複雜的現象。

近年來，隨著人工智慧的發展，已經能利用結構化方式，闡明智慧的本質。倘若智慧是生命的一部分，探索人工生命將會看到結合了生命的理性輪廓吧！

參考文獻

[1] von Neumann, John., The Theory of Self-reproducing Automata, A. Burks, ed., Univ. of Illinois Press, Urbana, 1966.

[2] Conrad, M., The price of programmability, 1988. In: Herken, R. ed., The Universal Turing Machine: a Half-Century Survey, Kammerer and Unverzagt, Hamburg, p. 285-307.

[3] Bertalanffy, L. von., Untersuchungen über die Gesetzlichkeit des Wachstums. I. Allgemeine Grundlagen der Theorie; mathematische und physiologische Gesetzlichkeiten des Wachstums bei Wassertieren. Arch. Entwicklungsmech., 1934. Bertalanffy, L. von., General System Theory; Foundations, Development, Applications, George Braziller, New York, 1969.

[4] Schrödinger, Erwin., What is Life? The Physical Aspect of the Living Cell, University Press, Cambridge, 1944.

[5] Wiener, Norbert., Cybernetics: Or Control and Communication in the Animal and the Machine, (Hermann & Cie) & Camb, Paris, 1948. 2nd revised ed., MIT Press, Mass,1961.

[6] von Neumann, John. and Morgenstern, Oskar., The Theory of Games and Economic Behavior, Princeton University Press, Princeton, 1944.

[7] Varela, Francisco J.; Maturana, Humberto R.; Uribe, R., Autopoiesis: the organization of living systems, its characterization and a model, Biosystems, vol5, p.187-196. one of the original papers on the concept of autopoiesis, 1974.

[8] Luhman, Niklas., Soziale Systeme: Grundriß einer allgemeinen Theorie, Suhrkamp, Frankfurt, 1984. English version., Social Systems, Stanford University Press, Stanford, 1995.

第二章
建立生命模式

13　現實世界裡的生命是內外交織多種模式，同時進行運作，即使沒有建立縝密的整體設計圖，結構也會隨著時間成長，按照具有整合性的「自我組織化」來運作。

本章將把重點擺在關鍵字「自我組織化」上，同時執行反應擴散系統的模擬、細胞自動機（cellular automaton）、及生命遊戲等程式的程式碼，說明可以用何種理論描述生命現象建構出來的各種模式，最後介紹在現實世界裡，計算自我組織化的可能性。

2.1　自我組織化的自然界模式

自然界充滿著非人工設計出來的美麗模式。

例如，裂縫、雲層、漩渦、都市的塞車狀態、網際網路的資料傳輸等呈現出來的模式（圖2-1），乍看之下形成了連結生命與非生命現象的「有機模式」。

圖 2-1　自然界的模式

自左圖起〉Fissures BY thephotographymuse (CC:BY-SA 2.0) https://www.flickr.com/photos/marcygallery/2535052057/　Clouds BY Daniel Spiess (CC:BY-SA 2.0) https://www.flickr.com/photos/deegephotos/3714844027/　Spiral Wake BY Andrew E. Larsen (CC:BY-SA 2.0) https://www.flickr.com/photos/papalars/987545947/in/album-72157594554255900/

自然界的各種例子顯示出，不用依賴建立模式的構成元素，就可以產生普遍性的模式與構造。這個意思是指，即使元素本身沒有變化，只要元素之間存在著非線性的相互作用，就會產生模式。這是非線性物理學研究出來的結果。另一方面，隨著元素變化也可能產生模式。

元素沒有變化時，能輕易當作人類操作的對象來處理。人類把從自然界中看到，簡單創造模式的方法，運用在流行時尚、建築、或日用品的設計上。例如在建築界，如果要建造複雜的結構，會根據顯示出完成結果的設計圖，亦即完成圖來打造建築物。

一般而言，我們無法建造不知道完成結果的東西。可是，自然界沒有像建築界一樣的完成圖，而是產生「自發性的組織化」，構造隨著時間而成長。

這種沒有完成圖，卻能建構出結構的情況，稱作「自我組織化」。自我組織化除了生物之外，也存在於颱風、金平糖、白雪結晶、卡門渦街 * 等各種自然現象中，這種自我組織化的原理是支撐所有生命形成的特徵之一。ALife 的研究也是以自我組織化為核心。

可是，問題在於，在生物系統中，元素也會出現變化。例如，我們知道，取得基因資料、細胞分化與發展過程、大腦的記憶等，根本上與化學反應有關。

例如，神仙魚的 64 個細胞分裂了 100 萬次，最後發生原腸內陷（形成身體基本構造的胚胎初期，出現的細胞運動），經過細部分化，長出眼睛及尾巴。這意味著，如果眼睛及尾巴的細胞種類是基因表現模式的差異造成的，那麼在分裂次數前後，模式會不一樣。

這種完成一個「個體」的發育過程很特殊，不會出現在結晶或一般魚、貝殼表面的圖案上。如果要產生一個個體，微型物體得製作出巨型物體，而這個部分必須讓微型物體的行為產生變化。

在生命形成的過程中，比較容易瞭解的自我組織化模式範例包括，蛇的表皮、蝴蝶的翅膀圖案、熱帶魚的條紋等（圖 2-2）由化學反應產生的多元化現象。

圖 2-2　生物的圖案

---

* 譯註：在一定條件下，氣流繞過某些物體時，物體兩側會周期性地產生旋轉方向相反的兩排旋渦，如街道兩邊的街燈，是流體力學上的現象。

我們可以說，這種自我組織的生命模式背後，存在著相同元素逐漸變化，同時反覆「複製」的自我複製現象。關於自我複製的說明，請詳見第三章。

2.2 生成模式模型

2.2.1 圖靈紋

首度提出自然界的各種模式是以「化學反應與擴散過程」的自我組織化邏輯建構而成的人，是 Alan Turing。

前面說明過，Turing 發明了成為現在電腦基礎概念的「圖靈機」，但是他在晚年對於生命問題也產生了莫大的興趣。他最著名的研究是「圖靈紋」，這個研究解開了在生命世界裡，自我創造出各種模式的結構。

Turing 在 1952 年發表了以數學方式解開生物如何產生型態的論文「The Chemical Basis of Morphogenesis」（中文翻譯為「形態發生的化學基礎」）[9]。在這篇論文中，藉由興奮與抑制相互作用，產生模式的虛擬物質「型態決定因子（morphogen）」方程式，揭開生物模式生成的祕密。

可惜的是，他四十多歲便英年早逝，不過這種數理化手法傳承到今日。此種型態決定因子的方程式，現在稱為「反應擴散系統（reaction-diffusion system）」。

根據各種研究顯示，利用圖靈紋，可以製作出自然界中各式各樣的模式。興奮、抑制型的化學反應波傳遞到空間中，自我毀滅時，產生了有趣的模式。其過程是，當某個空間內，化學物質平均分布時，狀態會變得不穩定，自發性地產生各種模式。例如，芋螺的紋路、熱帶魚的斑紋、蒼蠅幼蟲（蛆）的條紋圖案等，就是最好的例子。

化學物質均勻分布的狀態會變得不穩定，因為這種不穩定性，使得模式與構造在化學反應中，進行自我組織化。這種不穩定性產生的模式，可以稱作「生命計算」。

2.2.2 Gray-Scott 模型

以下我們將利用以化學反應，讓元素產生變化的通用反應擴散系統模型之一「Gray-Scott 模型」，瞭解實際能製作出何種模式。

Gray-Scott 模型也顯示出圖靈紋的不穩定性。原始的圖靈紋其實不是非線性，而是稱作分段線性的方程式。可是，就大致製作出空間中不均勻模式的意義而言，其實屬於相同類別。

首先，讓我們用 Python 執行 Gray-Scott 模型的程式，創造出反應擴散系統的模式吧！

範例程式的執行方法

範例程式位於 chap02 目錄，請切換至儲存該檔案的目錄再執行。

```
$ cd chap02
$ python gray_scott.py
```

執行之後，如果描繪出以下模式，代表成功了。

圖 2-3　Gray-Scott 模型的模式

● **Gray-Scott 模型的結構**

Gray-Scott 模型顧名思義是化學家 Gray 與 Scott 在 1983 年發表的論文中，提出來的概念[10]。

這個模型是描述代表 U 和 V 等兩個物質的濃度變數 u 及 v 的變化。「反應」與「擴散」就是物質 U 與 V 互相「反應」，透過媒介「擴散」。結果，空間中的 U 與 V 濃度會隨著時間產生變化，利用濃度高低，繪製出各式各樣的模式。

接下來，讓我們先說明反應。反應的概念圖如圖 2-4 所示。

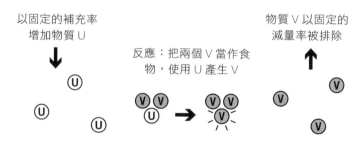

圖 2-4　Gray-Scott 模型的反應概念圖

參考「Reaction-Diffusion Tutorial」（http://www.karlsims.com/rd.html）

如圖所示，以固定的補充率（feed rate）增加物質 U，當有兩個物質 V 時，把 U 轉換成 V。就像 V 把 U 當作食物，製作出 V。

這兩個反應會增加 V，因此利用固定的減量率（kill rate）讓 V 消失。用以下算式可以寫出這種反應。決定這種規則的概念，與本章後面要介紹的「生命遊戲」類似。

$$U + 2V \rightarrow 3V$$
$$V \rightarrow P$$

V 把與 U 的反應當作觸媒以產生自我。V 以固定比例（kill rate）變成 P。P 稱作「非活性生成物」，變成 P 之後，代表不會再產生反應，意指不會變化的物質。

圖 2-5 顯示的是擴散概念圖。

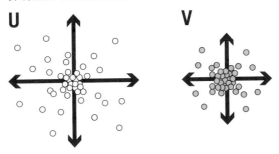

圖 2-5 Gray-Scott 模型的擴散概念圖

參考「Reaction-Diffusion Tutorial」（http://www.karlsims.com/rd.html）

物質 U 與 V 按照各個場所的濃度，擴散到整個空間。此時，U 與 V 是以不同的速度擴散。

包含反應與擴散等兩種反應的 Gray-Scott 模型，以代表兩個物質 U 與 V 的濃度變化算式來表現整個行為，如圖 2-6 所示。

如同上面的說明，這裡用 u 代表物質 U 的濃度，以 v 表示物質 V 的濃度。不擅長數學的人，突然看到如此複雜的算式可能會嚇一跳，但是以下會循序漸進地解說，請盡力看下去。後面將搭配程式與答案來說明，因此這裡無法完全理解也沒有關係。

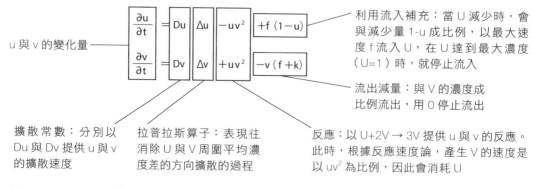

圖 2-6 Gray-Scott 模型的反應擴散方程式
參考「Reaction-Diffusion Tutorial」(http://www.karlsims.com/rd.html)

以上算式代表的是位置函數 U 與 V 的濃度 u 和 v，隨著時間變化的增減量。上面的算式是 u，下面的算式是 v。這些算式是由三個項目構成，第一項是擴散（diffusion），第二項是「反應」（reaction），第三項是「流入」（inflow）或「流出」（outflow）。

「擴散」Du△u（Dv△v）與常數（這是事先決定，透過模擬，不會變化的數值）Du（Dv）成正比，顯示 u 或 v 增加了多少。這裡所謂的擴散是指像煙在空間中擴散的物理現象。擴散擁有讓濃度或密度維持平均分布的效果。隨著附近 u（或 v）的濃度愈高而增加；相反地，附近的濃度變低時，就減少。

算式的第二項 uv^2 是代表「反應」速度。表示以 uv^2 的速度，產生規則「U + 2V → 3V」的反應。第一個算式是 $-uv^2$，第二算式是 $+uv^2$，因此可以得知隨著 U 變化成 V，v 的增加量等於 u 的減少量。

算式的第三項代表補充（feed）或減量（kill）。第一個算式的第三項 f（1 − u）是補充項。因為出現反應時，會使用 U 產生 V，若沒有補充 U 的方法，最終會把所有的 U 都用完。因此以 1 減去目前濃度的量成正比來增加 u。

f 是比例常數。補充量是當濃度 u 為 0（完全沒有物質 U）的狀態，取最大值，隨著 u 接近 1 而變成 0。換句話說，U 代表濃度低時，會從外部大量供給 U，如果沒有因為反應而流失，濃度會趨近 1。在實際的生物身上，這個補充項目可以當成從血流連續產生必要化學物質的情況。

然而，第二個算式的第三項是 -v（f + k）。這與第一個算式相反，是減量項。如果沒有減量項，V 可能無限制地增加。V 與目前的濃度 v 以及 f 與 k 的合計成比例減少。這個減量項代表前面的規則「V → P」。

整理歸納後，物質 U 會隨時自外部流入 f（1—u）的量；相對來說，物質 V 會隨時往外流出 v（f + k）的量，物質 U 與 V 會產生化學反應（uv²）。這個化學反應的量等於 U 的減少量，亦即 V 的增加量。隨著擴散過程，U 與 V 擴散到空間中。代表 U 與 V 各自擴散強度的常數是擴散係數 Du 與 Dv。

產生模式最重要的關鍵是把 U 的擴散速度設定成比 V 快（Du > Dv），這樣 U 就會快速擴散，而 V 是慢慢擴散，如圖 2-5 所示。

接下來，讓我們簡單介紹在形成模式時，發生了什麼事。首先，預設狀態設定為在整個空間內，含有高濃度的 U 及低濃度的 V。假設 U 與 V 是完全沒有反應、毫無關係的物質，U 會持續排出不斷供給的 V，這種情況會當成一種穩定狀態的自然設定。如果這裡含有形成模式的「種子」，亦即 U 的濃度比較低、V 的濃度比較高的區域時，會發生什麼狀況？（這個種子也可以設定成預設狀態，或當成偶然因外在雜訊而產生出這種區域）。

該區域有 V 存在，根據反應算式 U + 2V → 3V，U 變化成 V，因此 U 減少，而 V 增加。同時，利用擴散效果，從周圍流入 U，往周圍流出 V，使得該區域的濃度與周圍差異趨緩，看起來就像該區域逐漸擴散到周圍一樣。當 U 的濃度愈來愈低，外部就會供給 U，排出 V。在這種狀態下，若保持某些區域的 U 與 V 濃度維持穩定，就會形成與周圍濃度不同的深淺模式。另外，利用參數可以避免形成穩定狀態，濃淡波會當作「反應波」，傳遞到整個空間。

● 執行 Gray-Scott 模型

瞭解了整個 Gray-Scott 模型的概念後，接下來要詳細檢視程式 chap02/gray_scott.py 可以畫出何種模式。請使用文字編輯器，開啟剛才執行過的 gray_scott.py。

首先，匯入需要的套件後，進行讓結果視覺化的 Visualizer 設定。

```python
import sys, os
sys.path.append(os.pardir)
import numpy as np
from alifebook_lib.visualizers import MatrixVisualizer

# visualizer 的初始化（參考附錄）
visualizer = MatrixVisualizer()
```

MatrixVisualizer 是讓結果視覺化的類別，儲存在本書範例程式內的 alifebook_lib 套件中。MatrixVisualizer 的詳細用法請參考本書末尾的附錄。

接著設定要模擬的空間大小及各種參數。

```
SPACE_GRID_SIZE = 256
dx = 0.01
dt = 1
VISUALIZATION_STEP = 8 # 每幾個步驟更新畫面
```

SPACE_GRID_SIZE 是模擬空間中的垂直及水平網格數量。一般認為，U 及 V 的濃度是在二維空間內的連續性分布。可是使用電腦模擬時，會利用虛擬網格分割空間，先將各個點的 U 與 V 目前的濃度儲存成變數（離散化）。接著根據該數值，計算各點的反應及擴散結果再更新，重複執行這個步驟，就是反應擴散系統的模擬過程。

dx 是代表空間內每個網格的模型內長度。換句話說，dx×SPACE_GRID_SIZE，會成為模型空間的一邊長度。假設 SPACE_GRID_SIZE 是固定值，當 dx 的數值大，會「概略模擬大空間」；若 dx 的數值小，會「細緻模擬小空間」。

同理可證，dt 是代表在模擬每個步驟的模型內，時間的變化量。模擬一個步驟所花費的計算時間與 dt 值無關，當 dt 變大，會不斷進行模擬，卻會因為時間的關係，而形成粗糙、誤差大的結果。然而，小的 dt 值可以獲得比較正確的結果，卻會增加模擬花費的時間。

這裡設定 dx 為 0.01，dt 是 1。假如你不熟悉這種模擬，請試著自行改變這些參數，看看會發生何種變化。VISUALIZATION_STEP 是決定以每幾個步驟繪製動畫的設定。繪圖處理一般比較花時間，由於多數模擬是連續進行，所以不用按照模擬的每個步驟來繪圖。當然，假如你想檢視詳細內容，可以試著縮小這個數值。

接下來要設定 Gray-Scott 模型的參數。

```
Du = 2e-5
Dv = 1e-5
f, k = 0.022, 0.051 # stripe
# f, k = 0.04, 0.06 # amorphous
# f, k = 0.035, 0.065 # spots
# f, k = 0.012, 0.05 # wandering bubbles
# f, k = 0.025, 0.05 # waves
```

Du 與 Dv 是 u 與 v 的擴散係數，表示 u 與 v 以多快的速度擴散。改變與補充及減量有關的 f（feed）及 k（kill），會出現各種不同的行為。在範例程式中，以註解排除的形式，寫入具代表性的五個參數設定，請試著刪除註解排除，自行輸入數值後再執行。

接著，準備代表在 U 與 V 空間中，各點濃度的變數 u 與 v。

```
# 初始化
u = np.ones((SPACE_GRID_SIZE, SPACE_GRID_SIZE))
v = np.zeros((SPACE_GRID_SIZE, SPACE_GRID_SIZE))
# 在中央放置 SQUARE_SIZE 正方形
SQUARE_SIZE = 20
u[SPACE_GRID_SIZE//2-SQUARE_SIZE//2:SPACE_GRID_SIZE//2+SQUARE_SIZE//2,
  SPACE_GRID_SIZE//2-SQUARE_SIZE//2:SPACE_GRID_SIZE//2+SQUARE_SIZE//2] = 0.5
v[SPACE_GRID_SIZE//2-SQUARE_SIZE//2:SPACE_GRID_SIZE//2+SQUARE_SIZE//2,
  SPACE_GRID_SIZE//2-SQUARE_SIZE//2:SPACE_GRID_SIZE//2+SQUARE_SIZE//2] = 0.25
```

假設兩種物質的濃度介於 0 到 1 之間。根據上面的描述，要把空間分成 SPACE_GRID_SIZE × SPACE_GRID_SIZE 的正方形進行模擬，因此準備二維陣列。u 要使用 NumPy 的 ones 函數（np.ones），用 1 填滿整個空間。同樣地，利用 NumPy 的 zeros 函數（np.zeros），準備所有元素為 0 的矩陣 v。

此外，在 u、v 的空間中央置入初始模式。這裡建立 u = 0.5, v = 0.25 的 SQURE_SIZE × SQURE_SIZE 正方形區域，當作初始模式。

接著使用 NumPy 的 random 函數（np.random.rand()），加入些許雜訊，破壞對稱性。加入雜訊，破壞對稱性，模式也會變成非對稱，可以建立各式各樣的初始狀態。如果沒有加入雜訊，模式會變成對稱，每次只會製造出相同的模式。

```
# 加入些許雜訊，破壞對稱性
u += np.random.rand(SPACE_GRID_SIZE, SPACE_GRID_SIZE)*0.1
v += np.random.rand(SPACE_GRID_SIZE, SPACE_GRID_SIZE)*0.1
```

這樣就完成初始化。之後試著輸入以下程式並執行。

```
while visualizer:
    visualizer.update(u)
```

結果如下所示，會顯示出初始化的模式（到目前為止，執行的部分儲存在範例程式 chap02/ gray_scott_init.py 中）。

圖 2-7　狀態的初始設定

這樣就完成初始化。

接下來將說明這個程式的核心，亦即計算 U 與 V 濃度的增減並更新。這是在 while 語法中，按照各個步驟執行程式，以 Visualizer 顯示結果。

```
for i in range(VISUALIZATION_STEP):
    # 拉普拉斯算子的計算
    laplacian_u = (np.roll(u, 1, axis=0) + np.roll(u, -1, axis=0) +
                   np.roll(u, 1, axis=1) + np.roll(u, -1, axis=1) - 4*u) / (dx*dx)
    laplacian_v = (np.roll(v, 1, axis=0) + np.roll(v, -1, axis=0) +
                   np.roll(v, 1, axis=1) + np.roll(v, -1, axis=1) - 4*v) / (dx*dx)
    # Gray-Scott 模型的方程式
    dudt = Du*laplacian_u - u*v*v + f*(1.0-u)
    dvdt = Dv*laplacian_v + u*v*v - (f+k)*v
    u += dt * dudt
    v += dt * dvdt
# 更新顯示
visualizer.update(u)
```

利用這個部分，計算網格各點的 U 與 V 如何擴散、如何反應。大致的處理過程分成以下兩階段：

1. 分別計算 u 與 v 的擴散
2. 計算 u 與 v 的反應

接著讓我們來詳細說明。

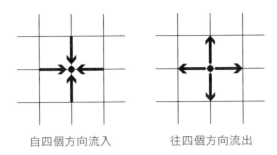

自四個方向流入   往四個方向流出

圖 2-8 在二維平面上，其中一點的擴散狀態

首先是計算擴散。這裡思考的是二維平面的擴散狀態。

注意二維網格上的其中一個點，檢視往這裡的流入量及相同場所的流出量。請想像煙霧的擴散狀態，煙會往 360 度擴散，除了附近之外，遠一點的點也會薄薄散開。不過，這裡我們簡化成四個方向來思考這個問題。

首先，將各個點四個方向的流入量相加後，減去往四個方向的流出量，可以計算擴散狀態。

讓我們單獨針對這個部分，使用 Python 進行實驗。

```
>>> import numpy as np
>>> u = np.arange(16).reshape(4,4)
>>> u
array([[ 0, 1, 2, 3],
       [ 4, 5, 6, 7],
       [ 8, 9, 10, 11],
       [12, 13, 14, 15]])
>>>np.roll(u, 1, axis = 0) + np.roll(u, -1, axis=0) + np.roll(u, 1, axis=1) +
np.roll(u, -1, axis=1) - 4*u
array([[ 20, 16, 16, 12],
       [  4,  0,  0, -4],
       [  4,  0,  0, -4],
       [-12, -16, -16, -20]])
```

首先，使用 np.arange 函數，建立含有 0 到 15 的陣列 u。

之後，針對各個元素，進行「四個方向的流入量相加」減去「四個方向流出量」的運算。檢視陣列的各個元素值，的確變成把左右上下的數值相加，減去本身四倍數值的結果。

例如，陣列 u 的第二列第二行是 5，其上左右上下的數值是 4、6、1、9，將這些數值相加之後，會變成 4 + 6 + 1 + 9 = 20，接著減去本身數值 5 的四倍數值 20，就變成 0，與輸出第二列第二行的數值 0 一致。

這裡使用的 np.roll 函數是讓陣列元素滾動的函數。利用引數 axis，選擇軸要滾動的方向。

剛開始 np.roll(u,1, axis = 0) 是往列方向，將整個矩陣往下滾動一整列。往下滾動一次，可以把上一個元素帶到自己的位置。

```
>>>    np.roll(u, 1, axis = 0)
array([[12, 13, 14, 15],
       [ 0,  1,  2,  3],
       [ 4,  5,  6,  7],
       [ 8,  9, 10, 11]])
```

同樣地，np.roll(u, -1, axis=0) 是往列方向，將整個矩陣往上滾動一列。往上滾動一次，可以把下一個元素帶到自己的位置。

```
>>>    np.roll(u, -1, axis = 0)
array([[ 4,  5,  6,  7],
       [ 8,  9, 10, 11],
       [12, 13, 14, 15],
       [ 0,  1,  2,  3]])
```

然而，np.roll(u, 1, axis = 1) 是往行方向（右）滾動一次，這樣會存取左邊的元素。

```
>>> np.roll(u, 1, axis = 1)
array([[ 3,  0,  1,  2],
       [ 7,  4,  5,  6],
       [11,  8,  9, 10],
       [15, 12, 13, 14]])
```

同樣地，np.roll(u, -1, axis = 1) 是往左滾動一次，這樣會存取右邊的元素。

```
>>> np.roll(u, -1, axis = 1)
array([[ 1,  2,  3,  0],
       [ 5,  6,  7,  4],
       [ 9, 10, 11,  8],
       [13, 14, 15, 12]])
```

像這樣，使用 np.roll() 函數，可以針對陣列的所有元素，有效率地同時存取四個方向，並且相加。最後減去 4*u，減掉往四個方向的流出量。這裡的流出量當然與上下左右點的流入量相等。請注意整體空間的儲存量。

這種擴散算式稱作拉普拉斯算子（laplacian）。在 update 函數中，也會計算 u 與 v 的拉普拉斯算子。這裡的流出量與上下左右點的流入量相等。請注意整體空間的儲存量。

```
# 拉普拉斯算子的計算
laplacian_u = (np.roll(u, 1, axis=0) + np.roll(u, -1, axis=0) +
               np.roll(u, 1, axis=1) + np.roll(u, -1, axis=1) - 4*u) / (dx*dx)
laplacian_v = (np.roll(v, 1, axis=0) + np.roll(v, -1, axis=0) +
               np.roll(v, 1, axis=1) + np.roll(v, -1, axis=1) - 4*v) / (dx*dx)
```

為什麼拉普拉斯算子的算式最後要除以 dx*dx 呢？dx 可以當成空間變化的大小，或格子之間的距離。如此一來，來自相鄰格子的粒子流入總和是 dx*dx。除以 dx*dx 能表現出當粒子擴散時，每單位時間隨機移動擴散的距離。

我們單獨將擴散效果視覺化，以瞭解擴散效果。

```
while visualizer: # visualizer 在關閉視窗時，會回傳 False
    for i in range(VISUALIZATION_STEP):
        # 拉普拉斯算子的計算
        laplacian_u = (np.roll(u, 1, axis=0) + np.roll(u, -1, axis=0) +
                       np.roll(u, 1, axis=1) + np.roll(u, -1, axis=1) - 4*u) / (dx*dx)
        laplacian_v = (np.roll(v, 1, axis=0) + np.roll(v, -1, axis=0) +
                       np.roll(v, 1, axis=1) + np.roll(v, -1, axis=1) - 4*v) / (dx*dx)
        # u 與 v 的變化量
        dudt = Du*laplacian_u
        dvdt = Dv*laplacian_v
        u += dt * dudt
        v += dt * dvdt
```

```
# 更新顯示
visualizer.update(u)
```

dudt 與 dvdt 分別代表 u 濃度的變化量與 v 濃度的變化量。u 與 v 的擴散效果是拉普拉斯算子乘上擴散係數（分別為 Du 與 Dv）後的值。分別使用 Gray-Scott 模型反應之後，就變成排除補充與減量項目後的結果。利用擴散係數，擴散量變成可以被控制的結構。

到目前為止執行過的內容儲存在 chap02/gray_scott_diffusion.py 檔案中，請試著執行看看。u 的分布從預設狀態開始逐漸擴散，最後出現雲散霧消的狀態（圖 2-9）。

圖 2-9　擴散的狀態

最後，在擴散效果中，加入化學反應。在剛才只描述了擴散的程式，加入以下與反應、流入、流出有關的部分。

```
# Gray-Scott 模型的方程式
dudt = Du*laplacian_u - u*v*v + f*(1.0-u)
dvdt = Dv*laplacian_v + u*v*v - (f+k)*v
```

上述 Python 程式分別代表以下內容：

- 濃度 u 的變化量＝ u 的擴散效果－ u 與 v 的反應＋由外進入的量 u

- 濃度 v 的變化量＝ v 的擴散效果＋ u 與 v 的反應－往外流出的量 v

u 與 v 的反應是來自 Gray-Scott 模型的算式 u*v*v。由外進入的量是 f*(1.0-u)。f 值小，由外進入的量較多；相反地，f 值大，由外進入的量較少。此外，往外流出 v 的量是 (f+k)*v，這就是反應的算式。

這樣就完成 Gray-Scott 模型的計算。變化後的 u 濃度設定在 Visualizer，進行繪圖後，就會出現本章最初看到的，如圖 2-3 的模型。

2.2.3 各式各樣的模式

讓我們改變這個產生模式的程式參數,創造出實際生物的各種圖案吧!

這個程式的動態是由決定進入量與流出量的參數「f」與「k」而定。改變這兩個係數,可以製作出各式各樣的模式。例如,設定 f = 0.025, k = 0.05,會製作出波浪般的圖案。調整 f 與 k 的值,能產生各種不同的行為。

如果要製作出如熱帶魚的條紋圖案,應該如何設定 f 與 k 值呢?

我們可以分別在 0 到 1 之間變化 f 與 k 的參數,若要逐一手動確認,會非常辛苦。因此,比較有效率的方法是,實際模擬在 f 與 k 的參數空間中,含有哪些特徵性的行為集合?親自確認。換句話說,也就是在空間中的各點,連續變化原本為固定值的 f 與 k,進行模擬。

圖 2-10 是在空間左到右,由 0.01 到 0.05 連續變化 f 值,上到下從 0.05 到 0.07 連續變化 k 值,使用空間各點的兩個值,模擬方程式,描繪出當時的空間模式。利用這種方法,圖左上方出現 f=0.01, k=0.05 的模式,右下方出現 f=0.05, k=0.07 的模式。我們一眼就可以看到在參數空間內,有何種模式存在。

從這張圖可以清楚看出,在中央新月形的空間上,複雜的模式形成了邊界,該邊界的內側與外側同樣都是沒有模式的區域 [11]。

製作出這張圖的程式為 chap02/gray_scott_param.py,請實際執行程式,確認結果。

範例程式的執行方法

範例程式位於 chap02 目錄,請切換至儲存該檔案的目錄再執行。

```
$ cd chap02
$ python gray_scott_param.py
```

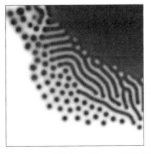

圖 2-10 組合 f 與 k,製作出
各種模式(橫軸為 f,縱軸為 k)

● 條紋

接下來，根據圖 2-10，改變在 chap02/gray_scott.py 檔案中的 f 與 k 的值，試著設定參數，製作出如熱帶魚的條紋圖案。

例如，設定似乎能製作出條紋的 f=0.022, k=0.051，進行模擬。

```
$ python gray_scott.py
# stripe
f, k = 0.022, 0.051
```

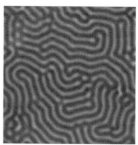

圖 2-11　stripe: f = 0.022, k = 0.051

● 圓點

接著試著製作類似蜥蜴身上的圓點。

```
#spot
f, k = 0.035, 0.065
```

圖 2-12　spots: f=0.035, k = 0.065

● 非結晶性

或者設定 f=0.04, k=0.06，會出現略微變形空間格子般的非結晶型模式。

```
# amorphous
f, k = 0.04, 0.06
```

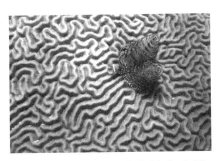

圖 2-13 amorphous: f=0.04, k=0.06

Brain Coral and Christmas tree worm BY U.S. Geological Survey(CC:BY 2.0)
https://commons.wikimedia.org/wiki/File:Brain_Coral_and_Christmas_tree_worm_
(15427837544).jpg

● 泡泡

設定成 f=0.012, k=0.05，會出現如泡泡般的連續動態模式。

```
# wandering bubbles
f, k = 0.012, 0.05
```

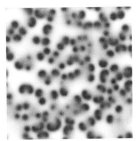

圖 2-14 wandering bubbles: f=0.012, k=0.05

Flowerhorn BY Lerdsuwa (CC:BY-SA3.0)
https://es.m.wikipedia.org/wiki/Archivo:Flowerhorn.jpg

● 波浪

設定成 f=0.025, k=0.05，會出現如波浪般的連續動態模式。

```
# waves
f, k = 0.025, 0.05
```

圖 2-15 waves: f, k = 0.025, 0.05

Thornback cowfish (Lactoria fornasini) BY Rickard Zerpe (CC:BY-SA 2.0)
https://www.flickr.com/photos/krokodiver/40757394194/

這樣可以製作出存在於自然界的各種模式。請實際嘗試調整 f 與 k 值，檢視模式的變化。

2.2.4 細胞自動機

使用另一種模型「細胞自動機（cellular automaton）」，也可以和前面 Gray-Scott 模型的範例一樣，產生模式。按照大致在空間內製作出不平均圖案的定義，細胞自動機也可以視為是一種圖靈紋。

細胞自動機是利用排成格狀的細胞形成的。

「cell」這個字的意思是，電子試算表的儲存格或「細胞」。這裡可以想像成黑白棋的棋盤與棋子。各個細胞有著連續的狀態。和黑白棋一樣，每個細胞的狀態會隨著周圍細胞的狀態而改變，並且根據周圍細胞的狀態來更新自己的狀態。

非常知名的「生命遊戲（game of life）」就是一種細胞自動機，可以製作出和先前 Gray-Scott 模型類似的模式。

生命遊戲是希臘數學家 John Conway 提出的二維細胞自動機的規則組合（規則集）。這個規則組合模仿了混沌的生物族群成長模式。

前言也曾提及，創造「人工生命」這個名詞的人是電腦科學家 Christopher Langton。據說 Langton 有次在研究室工作到深夜，他從後方螢幕中蠢動的生命遊戲影像，看見了「生命」，感到十分震撼。

要說明生命遊戲，得先介紹細胞自動機這個計算模型。

據說細胞自動機源自於 1940 年，這是數學家 John von Neumann 與 Stanisław Ulam 在洛斯阿拉莫斯國家實驗室討論的一種計算模型 [12]。之後，美國的研究人員 Stephen Wolfram 在 1984 年，使用電腦，研究了該模型的性質 [13]。為什麼我們要學習這個很久以前的計算模型？因為透過細胞自動機，可以體會第一章學過的 ALife 重要概念「非線性系統」。

接下來，讓我們利用程式，執行細胞自動機及生命遊戲。

細胞自動機的有趣之處在於，它是非線性。換句話說，在細胞自動機中出現的模式是無法從局部定義的規則中瞭解，必須實際執行，才能預料（＝非線性）結果。

實際動手執行之前，讓我們再稍微說明細胞自動機的計算規則。細胞自動機有幾種，每種計算規則都不盡相同，共通的規則有以下四項。

「規則一」有空間

布滿格狀細胞的地方稱作空間，有一維（線）、二維（面）、三維（立體）的細胞自動機。

你可以把二維空間想像成無限延伸的方格紙、黑白棋盤或電子試算表的儲存格，會比較容易瞭解。一維是一列，正好是試算表的一列。三維是重疊二維的結果，例如魔術方塊。基本上，細胞的形狀是四角形，不過也有多角形。例如，像蜂巢般的六角形。

本書使用的是基本的一維及二維空間，還有布滿該空間的四角形細胞。

「規則二」有時間

含有改變細胞狀態的時間單位（步驟）。你可以想像成手翻書，會比較容易瞭解。手翻書的每一頁就是時間單位。下一個步驟要一次改變所有細胞，或逐一改變在格狀狀態中的細胞順序，會讓細胞狀態的模式變得不一樣。前者把統一更新的時間單位稱作「世代」，而本書使用的是前者，一次更新。

「規則三」有細胞狀態

每個細胞都含有狀態。一般可以設定幾種狀態，但是若是一維，本書使用的是生死兩種狀態，如果是二維，使用的是誕生、維持、死亡等三種狀態。各個狀態的說明容後再述。

「規則四」有改變細胞狀態的條件

這個規則也有各種模式。基本上是根據與目標細胞現在相鄰的細胞狀態，決定目標細胞的狀態。其中，含有每次以 0.001% 的機率，變成完全不同的狀態，或根據時間與空間的位置，

動態變化條件的狀態。如果是一維，本書使用的是根據左右細胞的狀態，若是二維，則根據上下左右的細胞狀態，改變目標細胞狀態的規則。這個部分後續會再詳細說明。

細胞自動機的基本運作原理只有這樣而已，只要確實掌握這些規則，後面就可以輕易理解。

接下來，讓我們實際看一下細胞自動機的例子。

圖 2-16 是三個細胞的例子。以黑色顯示狀態為活著（1）的細胞，以白色表示狀態為死亡的細胞（0）。各個細胞的狀態由左起為「0」、「1」、「0」。

圖 2-16　細胞

請根據周圍的細胞狀態，更新每個細胞的狀態。假設我們只思考相鄰細胞為「0」，本身為「1」，狀態變化成「0」的規則。

由於細胞本身為「0」，相鄰的細胞為「1」，所以左右細胞的狀態不變。中央的細胞為「1」，且左右的細胞為「0」，套用規則，狀態變化成「0」。

統一更新所有細胞的狀態，或隨機更新細胞的狀態，會產生不同模式。這裡思考的是前者，統一更新細胞狀態，此時的時間單位為「世代」（圖 2-17）。

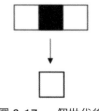

圖 2-17　一個世代後

根據相鄰細胞與本身細胞的狀態，建立規則的一維座標細胞自動機，稱作「一維細胞自動機」。一維細胞自動機是細胞橫向排成一行的細胞自動機。

套用前面的規則，結果如下：

・空間：一維

・時間：統一更新（世代）

‧ 狀態：兩種（生、死）

‧ 狀態變化條件：最多 256 種模式

按照相同概念，可以建立平面的二維細胞自動機及立體空間的三維細胞自動機。

本節後面將會說明一維與二維細胞自動機。

● 一維細胞自動機

一維細胞自動機是細胞橫向排成一行的細胞自動機。根據相鄰細胞與自身細胞來改變狀態。

狀態如何變化，取決於細胞自動機的規則。如上面的範例所示，讓我們思考一下，當相鄰細胞的狀態與自身細胞的狀態，決定了下一個世代的內部狀態時，狀態模式的數量。有三個細胞，各個細胞是生（1）或死（0）等兩種狀態的其中一種。因此，全部可以想出如圖 2-18 所示，「2 的 3 次方 = 8」個細胞狀態模式。

圖 2-18　八種狀態模式

以「1」與「0」顯示三個細胞的狀態，可以當作二進位。發明細胞自動機的 Wolfram，制定了在這八種狀態模式中，中央細胞在下個世代是「1」（生存）或「0」（死亡）的規則，把該陣列視為二進位，再轉換成十進位，就成為規則的編號。

例如，「0 0 0 1 1 1 1 0」轉換成十進位會變成 30，這個規則稱作「規則 30」。此規則的數量有「2 的 8 次方 = 256」種，從「規則 0」到「規則 255」（請回想起寫程式時，串列（list）的數值為 0 的情況）。

接著要設定這八種狀態模式在下一個世代變化成「0」或「1」的規則。基本概念是，八種狀態模式在各個世代如何變化，是生存（1）或死亡（0）。這裡舉個例子，假設從左開始按照「0 0 0 1 1 1 1 0」的變化來設定狀態模式。

圖 2-19 用箭頭表示正中央的細胞如何變化。

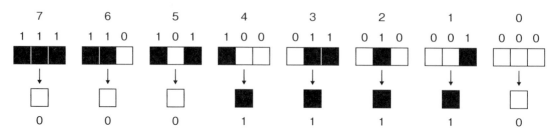

圖 2-19 下個世代的模式（規則 30）

重複規則 30，適應之後，會出現何種模式？一定要實際執行程式，否則根本不曉得非線性細胞自動機會變得如何。

讓我們用 Python 執行看看。

範例程式的執行方法

範例程式位於 chap02 目錄中，請切換至儲存該檔案的目錄再執行。

```
$ cd chap02
$ python cellular_automata_1d.py
```

這個程式和 Gray-Scott 模型的結構相同，可以分成初始化與更新處理等兩個部分。

在初始化階段，和 Gray-Scott 一樣，先進行 Visualizer 的初始化。

```
visualizer = ArrayVisualizer()
```

這裡使用了 ArrayVisualizer，讓一維陣列視覺化，詳細說明請參考附錄。

之後，設定規則及進行包含狀態的陣列初始化。

```
SPACE_SIZE = 600

# CA 的二進位編碼規則 (Wolfram code)
RULE = 30

# CA 的狀態空間
state = np.zeros(SPACE_SIZE, dtype=np.int8)
next_state = np.zeros(SPACE_SIZE, dtype=np.int8)
```

```
# 初始化預設狀態
### 隨機 ###
# state[:] = np.random.randint(2, size=len(state))
### 只有中央的 1 個像素為 1,其餘為 0 ###
state[len(state)//2] = 1
```

準備 state 與 next_state 是因為更新時,會把 state 計算出來的下個時間狀態儲存在 next_state,最後交換 state 與 next_state,進行模擬。

更新階段執行的內容如下所示。

```
# 把 state 計算出來的下個結果儲存在 next_state
for i in range(SPACE_SIZE):
    # 取得 left, center, right cell 的狀態
    l = state[i-1]
    c = state[i]
    r = state[(i+1)%SPACE_SIZE]
    # neighbor_cell_code 是目前狀態的二進位編碼
    # ex) 假設現在為 [1 1 0]
    #     neighbor_cell_code 變成 1*2^2 + 1*2^1 + 0*2^0 = 6
    #     RULE 的第 6 個位元如果是 1,下一個狀態會變成 1,所以
    #     RULE 只位移 neighbor_cell_code,進行 1 的合取運算
    neighbor_cell_code = 2**2 * l + 2**1 * c + 2**0 * r
    if (RULE >> neighbor_cell_code) & 1:
        next_state[i] = 1
    else:
        next_state[i] = 0
# 最後彼此交換
state, next_state = next_state, state
# 更新顯示
visualizer.update(1-state)
```

RULE 變數是上面介紹過的 Wolfram 規則編碼數字。neighbor_cell_code 是把與目標細胞有關的左邊、中央、右邊的細胞狀態編碼後的結果,因此 RULE 只往右位移 neighbor_cell_code 的值,查詢最低有效位元,可以瞭解目標細胞接下來必須取得的狀態。最後用 Visualizer 將 state 視覺化,這裡的 1-state 是為了用黑色代表 1,以白色代表 0。由於 state 是 0 或 1,因此反轉 0 與 1。

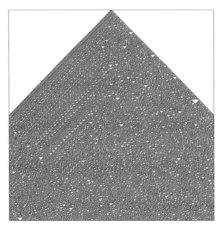

圖 2-20 規則 30 的模式

這個程式啟動後，請試著從 0 開始逐一改變程式碼中的 RULE 變數到 255 為止，並確認細胞自動機隨著各個規則所產生的行為差異。

在 Wolfram 的官網「Wolfram MathWorld」提供了 256 種模式的速查表。

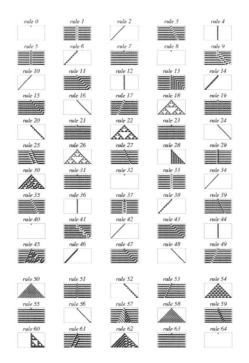

圖 2-21　細胞自動機速查表

引用自「WolframMathWorld」(http://mathworld.wolfram.
com/ElementaryCellularAutomaton.html)

● 隨機的預設條件

到目前為止的範例，為了輕易掌握各個模式的特徵，把預設條件設定為正中央的細胞為「1」。然而，設定成隨機的預設條件，可以輕易瞭解預設狀態會集中在哪種模式。

接下來，把預設條件改成隨機。我們只改變了 chap02/cellular_automata_1d.py 程式碼裡的預設條件設定。如下所示，開啟隨機的預設條件，關閉只有中央的一個像素為 1，其餘為 0 的預設值。

```
# 初始化預設狀態
### 隨機 ###
state[:] = np.random.randint(2, size=len(state))
### 中央的 1 個像素為 1，其餘為 0 ###
#state[len(state)//2] = 1
```

圖 2-22 是將預設條件設定為隨機，執行規則 30 後的結果。

圖 2-22　規則 30 的模式
（預設狀態為隨機）

● 256 個規則

到目前為止，介紹了一維細胞自動機的規則 30，同時也說明了八個狀態模式的變化規則可以製作出 2 的 8 次方＝ 256 個規則。

試著執行這 256 種規則，會出現何種模式？

發明者 Wolfram 把所有出現的模式，按照當時的空間模式差異，分成四個類別。讓我們來檢視這四個類別的代表性模式。以下顯示的模式是把預設狀態變成隨機，執行 chap02/cellular_automata_1d.py 的結果。

「類別一：模式隨著時間消失，或建立固定的模式」

規則 40 及規則 232 都是這種類別。

圖 2-23　類別一

「類別二：無限重複該模式，製作出週期性結構」

規則 94 與規則 108 都是這種類別。

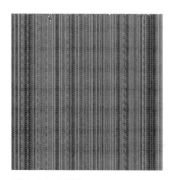 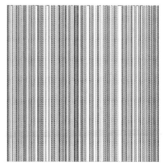

圖 2-24　類別二

「類別三：建立非週期性的隨機模式「混沌」」

規則 50 與規則 90 屬於這個類別，前面介紹過的規則 30，也是這個類別。

圖 2-25 類別三

「類別四：建立含有空間性、時間性局部結構的複雜模式」

規則 110 與規則 121 屬於這個類別。

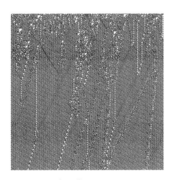

圖 2-26 類別四

類別一與類別二是表現沒有產生新變化的「有序」狀態。類別三是混沌的隨機狀態。

有趣的是，介於這種有序狀態與混沌狀態之間的是類別四。

Wolfram 認為，像類別四這種非完全隨機，也能看見模式的狀態，才是現實世界中，發生複雜現象，如生命現象等的根源。既非完全隨機，也非完全週期性。

現實世界中看起來規律的現象，也會有些微變化，這就是類別四。其實自然界中也看得到類別四的模式。

例如，貝殼的花紋與類別四的模式非常類似。

發育生物學家 Hans Meinhardt 以貝殼的花紋為研究,寫下了一本知名著作《Algorithmic Beauty of Sea Shells》[14]。這本書不是使用細胞自動機,而是利用第三章介紹的化學反應模型,描述貝殼表面的花紋。

圖 2-27　貝殼的花紋

將 256 個模式分成四個類別,各個類別出現的比例如圖 2-28 所示。類別四是最難出現的模式。但是,這些類別的分類並不嚴謹,這點與初期狀態有關,所以現在仍持續研究分類的方法。

除了這裡說明的範例,哪些規則會產生類別四?讓我們使用 Python 程式碼,進行各種嘗試。

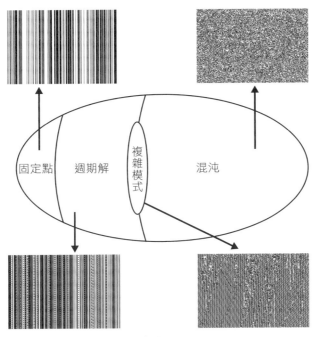

圖 2-28 四個類別的出現比例

參　考「ULAMIZER II：Cellular Automata Music Module」(http://www.
noyzelab.com/research/ulamizer2.html)

如同 Wolfram 的說明,按照「外觀」,細胞自動機可以分成四個類別。由於分類方法並不嚴
謹,所以類別之間的定義也很模糊。儘管如此,我覺得有沒有類別,代表著某種意義。

過去 Langton 在自動機的規則中,把下個時間變成「0」與變成「1」的模式比例當作「λ
(lambda)值」,並利用 λ 值,把類別分類參數化(圖 2-29)。

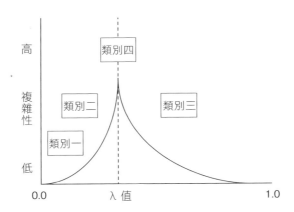

圖 2-29 類別分類的參數

參考「Langton, Christopher G., Studying Artificial Life with Cellular
Automata,Physica D, 1986」

從幾個例子發現到類別四位於 λ 將近 0.3 的位置，由此可以得知類別四是夾在類別三（混沌）及類別二（週期性）之間。

因此類別四稱作「混沌之淵」，由於類別四的細胞自動機與通用圖靈機等價，所以若演化往好的方向前進，就代表朝向混沌之淵。可是，事實上這種說法並不嚴謹。

● 二維細胞自動機（生命遊戲）

瞭解了一維細胞自動機的行為之後，接下來要介紹「生命遊戲」。

生命遊戲是一種二維細胞自動機。由於細胞自動機由一維變成二維，所以是以上、下、左、右、斜邊相鄰的細胞狀態及本身狀態來決定下一個狀態，而不只是兩邊的狀態。例如，圖 2-30 正中央的細胞顯示出被四個存活細胞包圍的狀態。

圖 2-30　生命遊戲的細胞

生命遊戲是二維細胞自動機的規則組合（規則集）。這個規則組合是模仿混沌生物群的成長模式。

讓我們逐一檢視生命遊戲的規則。

- 「人口過剩」

  存活細胞（狀態一）周圍被超過三個以上存活細胞包圍，因此該細胞死亡。

- 「均衡狀態」

  生存細胞（狀態一）被兩或三個生存細胞包圍，該細胞會繼續生存。

- 「人口過疏」

  圍繞在生存細胞（狀態一）周圍的細胞少於兩個時，該細胞死亡。

- 「再生」

  死亡細胞（狀態 0）剛好被三個存活細胞包圍時，該細胞復活。

周圍的存活細胞不論過多或過少，該細胞都會死亡。只有生存細胞為三個才會存活（或復活），這種規則實在很不可思議。把這些規則套用在二維細胞自動機時，會產生無法預測的非線性模式。

接下來，讓我們執行生存遊戲的 Python 程式，看看執行結果吧！

範例程式的執行方法

範例程式位於 chap02 目錄，請切換至儲存該檔案的目錄再執行。

```
$ cd chap02
$ python game_of_life.py
```

如果產生以下模式，代表執行成功。

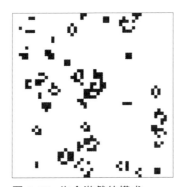

圖 2-31　生命遊戲的模式

程式的結構和一維細胞自動機幾乎一樣。在初始化的部分：

```
state = np.zeros((HEIGHT,WIDTH), dtype=np.int8)
next_state = np.empty((HEIGHT,WIDTH), dtype=np.int8)
```

準備二維陣列（next_state 和一維細胞自動機一樣，會暫時儲存計算結果，這是最後對調用的變數）。

更新的部分是：

```
for i in range(HEIGHT):
    for j in range(WIDTH):
        # 取得與自己相鄰的細胞狀態
        # c: center（自己本身）
        # nw: north west, ne: north east, c: center ...
        nw = state[i-1,j-1]
        n  = state[i-1,j]
        ne = state[i-1,(j+1)%WIDTH]
        w  = state[i,j-1]
        c  = state[i,j]
        e  = state[i,(j+1)%WIDTH]
        sw = state[(i+1)%HEIGHT,j-1]
        s  = state[(i+1)%HEIGHT,j]
        se = state[(i+1)%HEIGHT,(j+1)%WIDTH]
        neighbor_cell_sum = nw + n + ne + w + e + sw + s + se
        if c == 0 and neighbor_cell_sum == 3:
            next_state[i,j] = 1
        elif c == 1 and neighbor_cell_sum in (2,3):
            next_state[i,j] = 1
        else:
            next_state[i,j] = 0
state, next_state = next_state, state
# 更新顯示
visualizer.update(1-state)
```

在列及行方向，執行 for 迴圈，把各個細胞的下一個狀態儲存在 next_state。nw、w、ne 等變數名稱是 north-west、west、north-east 的簡稱，把目標細胞當作中心，以東西南北方位代表相鄰的細胞。

執行過程到最後 state 與 next_state 對調並顯示為止，都和一維細胞自動機一樣。

● 生命遊戲的知名模式

啟動生命遊戲，可以看到各式各樣的模式。生命遊戲和一維細胞自動機一樣，可以分類成各種類別，如週期性的類別二模式、擁有週期性與隨機性的類別四模式等。

生命遊戲製作出來的模式幾乎都是分類在類別四，但是會產生何種模式，是根據預設值而定。以下介紹幾個代表性的模式。

這個部分已經儲存在 chap02/game_of_life_patterns.py，chap02/game_of_life.py 一開頭就已經匯入該檔案，所以範例程式的初始化部分可以改寫如下，請試著執行看看。

```
# 初始化
pattern = game_of_life_patterns.OSCILLATOR # 在這裡改變模式
state[2:2+pattern.shape[0], 2:2+pattern.shape[1]] = pattern
```

「穩定模式」

經過一段時間，沒有變化，就是「穩定模式」。

例如，左起第二個模式有六個生存細胞，分別計算相鄰的生存細胞，可以得知各有兩個。套入均衡狀態的規則，這些生存細胞會持續生存下去。檢視死亡細胞，由於沒有細胞剛好有三個生存的相鄰細胞，因此可以得知無復活細胞。

利用以下程式，可以試著執行這種穩定模式的預設狀態。

```
# 初始化
pattern = game_of_life_patterns.OSCILLATOR # 在這裡改變模式
state[2:2+pattern.shape[0], 2:2+pattern.shape[1]] = pattern
```

圖 2-32 穩定模式

「振盪器」

「振盪器」是在幾個步驟之後，恢復預設狀態的模式。

穩定模式可以當作週期為 1 的振盪器。以下舉兩個具有週期性震盪的代表性振盪器。

```
# 初始化
pattern = game_of_life_patterns.OSCILLATOR
state[2:2+pattern.shape[0], 2:2+pattern.shape[1]] = pattern
```

圖 2-33　振盪器

「滑翔翼」

只要某個模式沒有受損，就會一直移動空間稱作「滑翔翼」。

滑翔翼是以四個步驟，往右下方移動空間。像滑翔翼這種自行移動的系統，稱作「自主系統」。用生命遊戲完成的滑翔翼，一旦完成之後，就無法改變模式。

如果完成了能自發性改變形狀，並維持該模式，一直在空間中移動的滑翔翼，會成為一個更「自主性」的系統。

```
# 初始化
pattern = game_of_life_patterns.GLIDER
state[2:2+pattern.shape[0], 2:2+pattern.shape[1]] = pattern
```

圖 2-34　滑翔翼

「滑翔翼機關槍」

可以產生滑翔翼裝置的模式，稱作「滑翔翼機關槍」。

把預設值設定為隨機時，常會偶然產生滑翔翼。然而，滑翔翼機關槍需要由人類設定預設值，並設計出來，否則很少出現。

滑翔翼機關槍也能利用初期設計製作出來。在生命遊戲設定這種預設值，可以發現週期性製作出滑翔翼的滑翔翼機關槍。

```
# 預設值
pattern = game_of_life_patterns.GLIDER_GUN
state[2:2+pattern.shape[0], 2:2+pattern.shape[1]] = pattern
```

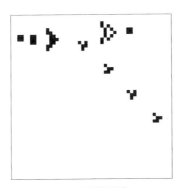

圖 2-35 滑翔翼機關槍

● 設計預設值

在 game_of_life.py，用以下方式描述滑翔翼機關槍的預設狀態。

```
GLIDER_GUN = np.array(
[[0,0,0,0,0,0,0,0,0,0,0,0,0,0,0,0,0,0,0,0,0,0,0,0,1,0,0,0,0,0,0,0,0,0,0,0],
 [0,0,0,0,0,0,0,0,0,0,0,0,0,0,0,0,0,0,0,0,0,0,1,0,1,0,0,0,0,0,0,0,0,0,0,0],
 [0,0,0,0,0,0,0,0,0,0,0,0,1,1,0,0,0,0,0,0,1,1,0,0,0,0,0,0,0,0,0,0,0,1,1],
 [0,0,0,0,0,0,0,0,0,0,0,1,0,0,0,1,0,0,0,0,1,1,0,0,0,0,0,0,0,0,0,0,0,1,1],
 [1,1,0,0,0,0,0,0,0,0,1,0,0,0,0,0,1,0,0,0,1,1,0,0,0,0,0,0,0,0,0,0,0,0,0],
 [1,1,0,0,0,0,0,0,0,0,1,0,0,0,1,0,1,1,0,0,0,0,1,0,1,0,0,0,0,0,0,0,0,0,0],
 [0,0,0,0,0,0,0,0,0,0,1,0,0,0,0,0,1,0,0,0,0,0,0,0,1,0,0,0,0,0,0,0,0,0,0],
 [0,0,0,0,0,0,0,0,0,0,0,1,0,0,0,1,0,0,0,0,0,0,0,0,0,0,0,0,0,0,0,0,0,0,0],
 [0,0,0,0,0,0,0,0,0,0,0,0,1,1,0,0,0,0,0,0,0,0,0,0,0,0,0,0,0,0,0,0,0,0,0]])
```

在生命遊戲中，如果要刻意製作出人類能解釋的模式，就得設計預設值。

最初提出細胞自動機的 von Neumann 表示，和設計電路一樣，設計自動機的預設狀態，可以啟動進行自我複製的自動機，甚至變成電腦。

使用生命遊戲，能製作出電腦！

這是什麼意思？換句話說，我們可以利用生命遊戲，建立電腦的基本邏輯運算結構 AND、OR、NOT 等邏輯電路。另外，使用這裡製作出來的滑翔翼，可以在程式中的各種物件之間傳遞訊息。像這樣，當一種運算原理可以模仿另一台電腦時，就稱作「圖靈完備性（Turing-complete）」。

「Unit Cell」是一種使用生命遊戲，計算生命遊戲的方法。

這是在生命遊戲中，計算（模擬）生命遊戲的方法。我想你應該能瞬間想像到，如果可以做到這一點，不僅能模擬自我，還可以嵌入無限階層模擬，甚至融入各式各樣的部分，如內心的自我參照等。

例如，含有巨大狀態數據的 Peter Gacs 細胞自動機「Gacs」，成功使用了這種無限階層的自我參照，顯示在任何雜訊下，都能產生穩定的行為模式（圖 2-36）。

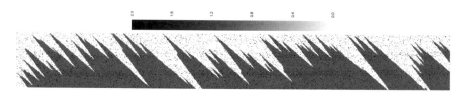

圖 2-36 Gacs 的細胞自動機

可是，對我們而言，可能不需要如此深入瞭解計算。我們認知的計算非常抽象，不論是使用世上最快的 Anton 超級電腦（2016 年）或圍棋的棋子，都能進行相同的計算。就算是黏菌（這裡暫不討論黏菌的概念）也能進行計算。差別只在於速度快慢而已，這就是計算這個概念的魅力。

可是生命的計算似乎有點不同。考量到計算可以中途停止或容錯，或許計算這個概念並不適合用在生命上。就這個定義來看，世上尚未出現稱作生命計算的部分。

按照產生個體的時間規模來變化元素，最終建立出一個個體的生命過程是一種計算嗎？

2.3 現實世界的計算

生命的背後，隱藏著前面提到過，出現在圖靈紋及細胞自動機中的自我組織化。

生物的圖案與形狀是最好的自我組織化範本。貝殼的紋路或蝴蝶的翅膀圖案、植物的花朵形狀等，都是非生物意識產生的結果。不過問題是，利用自我組織化，可以處理多複雜的現實問題。

電腦的自我組織化幾乎都無法直接帶入現實世界。因為現實世界有雜訊，而且細胞自動機對雜訊很敏感，所以 Gacs 的細胞自動機需要非常大的狀態空間來處理這個問題。

接著讓我們來瞭解能整合自我組織化與演化的邏輯。

英國研究人員 Adrian Thompson 曾使用「現場可程式規劃邏輯閘陣列（FPGA：Field Programmable Gate Array）」，進行演化式硬體的研究 [15]。在 FPGA 上，可以利用軟體隨意改變邏輯元件的連結。利用這一點，Thompson 設計出使用遺傳演算法，分離兩個蜂鳴器聲音（高頻與低頻）的邏輯電路，讓電路演化成在各種溫度環境下，都可以分離出兩種聲音。

據說結果演化出在廣泛的溫度區域，能穩定分離聲音的強大（穩健）電路。這是如何做到的？根據報告顯示，雖然電路沒有相連，但是受到附近電路的電場影響，而能分離出結果，利用這種特殊方法，確保了穩健性。

這種把電路身為「物體」的硬體性質與當成軟體計算一視同仁，是非常有趣的一點。

經過演化的結果，完成自我組織化的是「在現實世界中的計算穩健性」。這是與線性穩定性及結構穩定性等數學問題不同的穩定性問題。在化學實驗中，硬體與軟體沒有分別，彼此交錯，建立出獨特的穩定性。化學反應中的軟體，指的是 DNA 分子擁有的資訊。

從 Thompson 的研究可以看出，自 2008 年起，ALife 的研究從只用電腦軟體模擬，轉變成現實世界中的自我組織化問題。

讓現實世界的硬體與自我組織化模式共同演化，或許可以建構出 Conrad 提及，現在的電腦無法模仿，在現實世界中，生命系統「適度」且超平行、穩健的生命計算典範。

參考文獻

[9]   Turing, A. M., The Chemical Basis of Morphogenesis, Philosophical Transactions of the Royal Society, Series B, Biological Sciences, vol.237, no.641, p.37-72, 1952.

[10] Gray, P. and Scott, S.K., Autocatalytic reactions in the isothermal, continuous stirred tank reactor: Isolas and other forms of multistability, Chem. Eng. Sci, vol.38, p.29-43, 1983.

[11] Pearson, John E., Complex Patterns in a Simple System, Science, vol.261, no.5118, p.189-92, 1993.

[12] Wiener, N.; Rosenblueth, A. (1946). "The mathematical formulation of the problem of conduction of impulses in a network of connected excitable elements, specifically in cardiac muscle". Arch. Inst. Cardiol. México 16: 205.

[13] Wolfram, S., Cellular automata as models of complexity, Nature, 1984, vol.311, no.5985, p.419-424. Bibcode:1984Natur.311..419W. doi:10.1038/311419a0.

[14] Meinhardt, H., The Algorithmic Beauty of Sea Shells, Springer, Heidelberg, New York, fourth edition, 2009.

[15] Adrian Thompson, An Evolved Circuit, Intrinsic in Silicon, Entwined with Physics, Proceedings of the First International Conference on Evolvable Systems: From Biology to Hardware, p.390-405, 1996.

第三章
個體與自我複製

個體突現與自我複製是 ALife 的核心問題之一。如何定義個體？可以自我複製嗎？其定義及機制仍持續研究中。

「個體」及「自我」究竟是什麼？至今仍未有明確的定論。例如我們現在已經演變成沒有網際網路或智慧型手機，就無法生活的地步。隨著網際網路擴大後的自我，需要與基因定義的自我進行不同的定性研究。

本章將組合到目前為止，ALife 處理過的模型，探討自我複製過程及自我複製演算法。

3.1 個體突現

讓我們思考一下定義「個體」的過程。

從化學觀點來看，個體可以當成隔開細胞與外在環境的細胞膜。就物理性而言，是內外隔開，同時擁有穿透性的動態介面。如果內外完全隔開，反應就會消失，因此透過這個介面，流入、流出各式各樣的物質。

倘若完全與環境隔絕，變得穩定，就沒有生命性。石頭是穩定的系統，卻沒有生命，因為石頭沒有當作介面的細胞膜。相反地，不斷變化的系統過於不穩定，會破壞內外界線，而無法產生個體。

按照第二章介紹過的 Wolfram 類別來分類，石頭分類成類別一，持續變化的模式分類成類別三，介於穩定與不穩定之間是類別四。

因此，個體需要往返於秩序與混沌界線之間，進行開啟與關閉。不像混沌一樣開放，也不像週期性一樣關閉，這就是所謂的「開啟，關閉」。

此外，第二章介紹 Gray-Scott 模型時，說明了利用參數能產生穩定的斑點。可是，這種斑點和生命不同。為什麼？恐怕是因為斑點很穩定的緣故。個體是在穩定與不穩定之間，能適應環境變化，具有不穩定性的系統，會產生「突現」（關於突現現象請參考第四章）。

個體突現是「自我生成（Auto Poiesis）」的基本問題。自我生成是由神經生物學者 Francisco Varela 及其老師 Humberto Maturana 提倡，有著可以產生、維持自我「最小單位生命」機制的系統 [16]。最簡單的例子，就是後面會詳細說明的 SCL 模型。

沒有細胞膜，無法封鎖裡面的反應，不能封鎖反應，細胞膜也無法維持下去。對於具生命性的個體突現而言，需要這種銜尾蛇（吞食自己尾巴的蛇）式、循環進行的自我參照結構。

自我生成概念在 1970 年提出之後，影響了許多研究人員及哲學家。理由可能是因為這是處理自我的問題。自我為什麼這麼重要？原因在於「究竟物理現象是否會產生自我意識？」這個問題把對物理事物的瞭解，當作化學狀態來理解，同時還必須深入探索生物學上的描述，是至今仍未解開的神秘問題。

3.1.1　SCL 模型

建立自我生成概念的模型之一，就是「SCL（Substrate Catalyst Link）」。SCL 模型是結構性理解自我生成概念的程式。

「何謂個體突現？」針對這個問題，SCL 模型提出一種理解方法「決定自我存在的是構成自我的過程。」在與環境的相互作用中，維持個體，即使環境與系統結構不斷變化，也能系統化地理解。透過 SCL 模型可以學到一個概念，就是生命的本質或許是在穩定與不穩定之間，拼命維持平衡。

接下來，試著啟動 SCL 模型的程式。

範例程式的執行方法

範例程式位於 chap03 目錄中，請切換至儲存該檔案的目錄再執行。

```
$ cd chap03
$ python scl.py
```

如此一來，像細胞膜包圍細胞般，圍住紫色圓形的模型會變成動畫，如圖 3-1 所示。產生、破壞、修復細胞膜，就會看到像細胞一樣，維持製造細胞膜的過程。

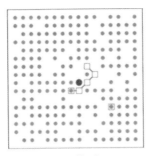

圖 3-1 SCL 模型

SCL 模型是由在二維格子上移動的各種分子及化學反應式構成。格子上的細胞含有三種分子，各個分子在細胞之間移動，在與相鄰的其他分子結合或分解等化學反應的過程中，產生、維持整個細胞膜。分子的種類有「基質分子（Substrate）」、「觸媒分子」（Catalyst）、「膜分子」（Link）等三種。在程式中，綠色是基質分子，紫色是觸媒分子，藍色四角形是膜分子。這些類型的結合、分解、移動規則不同。

在這些分子之間，套用以下三種化學反應。

1）2S + C → L + C

2）L + L → L − L

3）L → 2S

算式 1) 顯示兩個基質分子（S）利用觸媒分子（C），產生一個膜分子（L）的反應。

算式 2) 顯示產生的膜分子（L）與相鄰的膜分子（L）結合，並固定在空間上。

算式 3) 是膜分子（L）以一定的機率，再次分解成基質分子（S）。

預設狀態是用基質分子填補空間，基質分子隨機移動。觸媒分子也隨機移動，將靠過來的基質分子轉換成膜分子。膜分子彼此結合，建立連結。只有沒有連結的膜分子可以移動。膜分子不論是否結合，都會隨機出現分解。

只要組合這些單純的分子與規則，就可以形成個體並維持自我。

● 形成個體與維持自我

接著先來瞭解個體生成的情況。觸媒分子開始在附近產生膜分子，結合之後，形成連結，包圍觸媒分子，並產生細胞膜。利用在周圍產生細胞膜的方式，開始建立像是細胞般的「個體」單位。

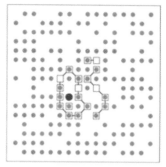

圖 3-2 利用 SCL 模型形成個體
（產生包圍觸媒分子的細胞膜）

接下來要檢視維持自我的情況。

基質分子可以穿過連結，因而能在細胞膜內外來來去去。當細胞膜中的基質分子利用觸媒分子轉換成膜分子時，會在細胞膜的內部建立連結。因此，即使分解建立細胞膜的連結，出現破洞，細胞膜內的連結也會填補破洞，修復壞掉的細胞膜。

這就是自我維持的過程。反覆建立自我代謝的網路構成元素，並由內部確定細胞膜（物理性邊界）。

生物似乎是自行決定自己的行為。為了理解這種生命擁有的自主性，Varela 透過自我生成理論及 SCL 模型，探討「和細胞一樣，持續產生自我邊界的循環過程，才是自主行為的根源」。

然而，想讓機器人自主行動時，要如何連接當作某種感知系統的感測器，與當作動作系統的行為，就成為主要關鍵。因為問題在於，哪種知覺會產生何種行為（感覺運動）。

感知與行為是很重要的功能，即使是單細胞生物，也會出現偵測化學物質與溫度，並往該方向移動的行為。

3.1.2 執行 SCL 模型

接下來在說明完 SCL 的概要及動作之後，將執行 SCL 模型。程式碼位於 chap03/scl.py。

這裡把 SCL 當作一種二維細胞自動機。換句話說，利用二維格子的各個細胞狀態，表現存在的分子，運用與相鄰細胞相互作用，表現分子的移動及反應。

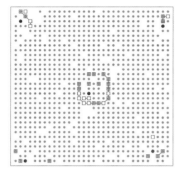

● 觸媒分子（CATALYST）
● 基質分子（SUBSTRATE）
□ 膜分子（LINK）

圖 3-3　SCL 模型與各種分子

紫色是觸媒分子（CATALYST），綠色是基質分子（SUBSTRATE）、藍色四角形是膜分子（LINK）。另外，膜分子可以穿透基質分子，因此能存在相同的細胞內。此外，用藍線表示膜分子彼此結合。

根據以上條件，各個細胞可以執行以下五種狀態。

1）CATALYST（觸媒分子）

2）SUBSTRATE（基質分子）

3）LINK（膜分子）

4）LINK-SUBSTRATE（膜分子與基質分子同住）

5）HOLE（空）

在二維格子內的各個細胞中，除了這些類型之外，還利用 Python 的字典形式，儲存了膜分子的崩解狀態與結合對象。

```
{'type': 'LINK', 'disintegrating_flag': False, 'bonds': [(6,5,8,5)]}
```

在 bonds 中，以串列（list）格式儲存結合對象的座標。關於崩解旗標（disintegrating_flag），將在反應部分詳細說明。

實際執行時，可以用以下六種情況表現分子的反應與結合。

- production --- 兩個基質分子遇到觸媒分子，變成膜分子
- disintegration --- 膜分子恢復成兩個基質分子
- bonding --- 膜分子彼此結合
- bond decay --- 膜分子之間的結合崩解
- absorption --- 膜分子吸收基質分子
- emission --- 膜分子釋放基質分子

在說明反應時，會再詳細解說。

模型包括以下參數。

```
MOBILITY_FACTOR = {
 'HOLE':          0.1,
 'SUBSTRATE':     0.1,
 'CATALYST':      0.0001,
 'LINK':          0.05,
 'LINK_SUBSTRATE': 0.05,
 }
PRODUCTION_PROBABILITY              = 0.95
DISINTEGRATION_PROBABILITY          = 0.0005
BONDING_CHAIN_INITIATE_PROBABILITY  = 0.1
BONDING_CHAIN_EXTEND_PROBABILITY    = 0.6
BONDING_CHAIN_SPLICE_PROBABILITY    = 0.9
BOND_DECAY_PROBABILITY              = 0.0005
ABSORPTION_PROBABILITY              = 0.5
EMISSION_PROBABILITY                = 0.5
```

MOBILITY_FACTOR 代表各個分子的易動性。在以下的分子移動部分會再詳細解說。此外，過程的發生機率（PROBABILITY）參數是表示發生各種反應的容易度。只有 BONDING 會隨著結合來源的膜分子狀態，改變結合的容易度，因此有三種參數存在。

SCL 模型的執行過程大致可以分成三個部分：

1) 初始化
2) 分子的移動
3) 分子的反應

接下來將依序說明以上三個部分。在此程式中,準備了可以將結果視覺化的 SCLVisualizer 類別。請參考附錄。

● 初始化

在初始化階段,準備儲存細胞的二維陣列,並配置分子。

```python
particles = np.empty((SPACE_SIZE, SPACE_SIZE), dtype=object)
# 按照 INITIAL_SUBSTRATE_DENSITY 配置 SUBSTRATE 與 HOLE。
for x in range(SPACE_SIZE):
    for y in range(SPACE_SIZE):
        if evaluate_probability(INITIAL_SUBSTRATE_DENSITY):
            p = {'type': 'SUBSTRATE', 'disintegrating_flag ': False, 'bonds': []}
        else:
            p = {'type': 'HOLE', 'disintegrating_flag ': False, 'bonds': []}
        particles[x,y] = p
# 在 INITIAL_CATALYST_POSITIONS 配置 CATALYST。
for x, y in INITIAL_CATALYST_POSITIONS:
    particles[x, y]['type'] = 'CATALYST'
```

首先,準備 SPACE_SIZE × SPACE_SIZE 的二維陣列。為了在內部放入 Python 的字典,所以設定 dtype=object。另外,本範例程式碼把列設定為 x,行設定為 y。

接下來配置基質分子。各個 x,y 將根據 INITIAL_SUBSTRATE_DENSITY,把 type 設定為 SUBSTRATE 或 HOLE。這裡使用的 evaluate_probability 函數會按照引數的機率回傳 True 或 False(請參考 P64 的專欄)。

最後,利用儲存在 INITIAL_CATALYST_POSITIONS 的座標 type,改成 CATALYST,配置觸媒分子。

如果你想從完成細胞膜的狀態開始,請刪除以下的註解部分:

```python
for x0, y0, x1, y1 in INITIAL_BONDED_LINK_POSITIONS:
    particles[x0, y0]['type'] = 'LINK'
    particles[x0, y0]['bonds'].append((x1, y1))
    particles[x1, y1]['bonds'].append((x0, y0))
```

在 INITIAL_BONDED_LINK_POSITIONS 結合的兩個細胞膜座標,以 (x0,y0,x1,y1) 的格式儲存成串列,所以把兩個座標的 type 改成 LINK,在兩者的 bonds,增加對方的座標。

初始化後，程式進入主迴圈，反覆交錯進行分子的移動與反應。

● 分子的移動

結束初始化之後，接著要說明分子的移動。

```python
moved = np.full(particles.shape, False, dtype=bool)
for x in range(SPACE_SIZE):
    for y in range(SPACE_SIZE):
        p = particles[x,y]
        n_x, n_y = get_random_neumann_neighborhood(x, y, SPACE_SIZE)
        n_p = particles[n_x, n_y]
        mobility_factor = np.sqrt(MOBILITY_FACTOR[p['type']] * MOBILITY_FACTOR[n_
        p['type']])
        if not moved[x, y] and not moved[n_x, n_y] and \
           len(p['bonds']) == 0 and len(n_p['bonds']) == 0 and \
           evaluate_probability(mobility_factor):
                particles[x,y], particles[n_x,n_y] = n_p, p
                moved[x, y] = moved[n_x, n_y] = True
```

分子的移動是利用交換兩個相鄰細胞的資訊來達成。從某個細胞的 neumann 鄰域，隨機選擇一個細胞，根據 MOBILITY_FACTOR 來決定移動／不移動。

這裡必須注意到，當細胞 A 移動到細胞 B 時，若細胞 B 出現移動到細胞 C 的情況，分子會立刻跨過兩個以上的細胞。為了防止這種情況，準備了用來記錄細胞移動狀況的二維陣列，並填入 False（moved 變數）。之後，發生移動的細胞填入 True，並限制不再移動。

實際的移動情況是，先針對各個細胞，選擇隨機移動目的地之相鄰細胞。

```python
n_x, n_y = get_random_neumann_neighborhood(x, y, SPACE_SIZE)
```

mobility_factor 是實際發生移動的機率，這裡用以下程式進行計算。

```python
np.sqrt(MOBILITY_FACTOR[p['type']] * MOBILITY_FACTOR[n_p['type']])
```

換句話說，兩個移動分子的 MOBILITY_FACTOR 相乘平均，就是實際發生交換的機率。MOBILITY_FACTOR 是用 Python 的字典格式，設定各個分子（請參考前面的參數說明）。

```
MOBILITY_FACTOR = {
'HOLE':          0.1,
'SUBSTRATE':     0.1,
'CATALYST':      0.0001,
'LINK':          0.05,
'LINK_SUBSTRATE': 0.05,
}
```

假設基質分子彼此相鄰時，會變成以下這樣：

```
>>> np.sqrt(0.1 * 0.1)
0.1
```

若是觸媒分子與基質分子相鄰，結果如下所示：

```
>>> np.sqrt(0.1 * 0.0001)
0.0031622776601683794
```

結果顯示出，觸媒分子比基質分子更難移動。

根據這兩種分子的種類，在 mobility_factor 變數設定移動機率後，再確認以下條件。

・移動的兩個細胞其 moved 變數是 False？

・移動對象的分子有沒有與其他分子結合？（已結合的分子無法移動）

・evaluate_probability 函數的結果是 True？

如果滿足這些條件，就會交換細胞內的資料，在 moved 變數設定 True。

```
particles[x,y], particles[n_x,n_y] = n_p, p
moved[x, y] = moved[n_x, n_y] = True
```

MOBILITY_FACTOR 的各個數值是 SCL 模型能不能順利產生細胞膜的重要參數？以下將利用這些數值進行實驗，瞭解會出現何種變化。

● 分子的反應

終於要說明六個 SCL 模型的重要反應了。實際的程式是按照各個反應建立函數，如下所示。

```
for x in range(SPACE_SIZE):
    for y in range(SPACE_SIZE):
        production(particles, x, y, PRODUCTION_PROBABILITY)
        disintegration(particles, x, y, DISINTEGRATION_PROBABILITY)
        bonding(particles, x, y, BONDING_CHAIN_INITIATE_PROBABILITY,
                                 BONDING_CHAIN_SPLICE_PROBABILITY,
                                 BONDING_CHAIN_EXTEND_PROBABILITY)
        bond_decay(particles, x, y, BOND_DECAY_PROBABILITY)
        absorption(particles, x, y, ABSORPTION_PROBABILITY)
        emission(particles, x, y, EMISSION_PROBABILITY)
```

在各函數的引數中，提供整個空間資料（particles）、一個當作目標對象的細胞座標及引起反應的機率。只有 bonding 必須提供三個根據分子的狀態來改變的機率。

接下來，要說明各個反應函數。各函數已經儲存在 chao03/scl_interaction_functions.py 中。

· **production**

production 是利用觸媒，把相鄰的兩個基質變成一個細胞膜的反應（$2S + C \rightarrow L + C$）。

介紹模型時也曾提及，這樣基質會變化成膜分子，膜分子彼此結合後，形成封閉的細胞膜。

```
def production(particles, x, y, probability):
    p = particles[x,y]
    # 隨機選擇兩個相鄰的粒子
    n0_x, n0_y, n1_x, n1_y = get_random_2_moore_neighborhood(x, y, particles.shape[0])
    n0_p = particles[n0_x, n0_y]
    n1_p = particles[n1_x, n1_y]
    if p['type'] != 'CATALYST' or n0_p['type'] != 'SUBSTRATE' or n1_p['type'] !=
'SUBSTRATE':
        return
    if evaluate_probability(probability):
        n0_p['type'] = 'HOLE'
        n1_p['type'] = 'LINK'
```

剛開始利用 get_random_2_moore_neighborhood 函數（請參考 P64 的專欄），隨機選擇兩個 moore 鄰域的細胞。但是，該函數保證回傳值的兩個鄰近細胞也彼此相鄰。

production 是兩個基質對觸媒分子產生反應，檢視這些條件，最後評估反應機率，把各個細胞的類型轉換成膜分子與空間。

· disintegration

disintegration 的反應與 production 相反，是膜分子崩解，恢復成兩個基質的反應（L → 2S）。

利用觸媒分子的作用，產生了膜分子，但是膜分子不會永遠維持不變，在一定的機率下，會自發性地崩解，恢復成原本的兩個基質分子。此時，會強制釋放出同住的基質分子，並強制刪除與其他膜分子的結合。

```python
def disintegration(particles, x, y, probability):
    p = particles[x,y]
    # 有時不會立刻產生 disintegration，因此先插旗
    if p['type'] in ('LINK', 'LINK_SUBSTRATE') and evaluate_probability(probability):
        p['disintegrating_flag'] = True

    if not p['disintegrating_flag']:
        return
    # LINK 包含 SUBSTRATE 時，以機率 1 執行 emission，強制釋放基質分子
    emission(particles, x, y, 1.0)
    # 隨機選擇目標鄰域的粒子
    n_x, n_y = get_random_moore_neighborhood(x, y, particles.shape[0])
    n_p = particles[n_x, n_y]
    if p['type'] == 'LINK' and n_p['type'] == 'HOLE':
        # 以機率 1 執行 bond_decay，刪除 LINK 彼此結合
        bond_decay(particles, x, y, 1.0)
        # disintegration
        p['type']   = 'SUBSTRATE'
        n_p['type'] = 'SUBSTRATE'
        p['disintegrating_flag'] = False
```

這裡必須注意到，有時可能因為膜分子周圍的狀態，而無法立刻崩解。具體而言，釋放出同住的基質分子，或放入兩個分裂後基質分子的空間有時不相鄰。因此，評估反應機率後，暫時將該細胞的 disintegrating_f lag 設定為 True。倘若之後在上述狀態沒有發生崩解，會儲存旗標，於下次的反應時，再次試著崩解。

```python
if p['type'] in ('LINK', 'LINK_SUBSTRATE') and  evaluate_probability(probability):
    p['disintegrating_flag '] = True
```

接著是 disintegration。

disintegrating_flag 為 True 的膜分子（這個部分可能和上述一樣，根據這次的反應變成 True，也可能是上次之前為 True，卻無法完成 disintegration 的分子）若含有基質分子時，會以機率 1 執行 emission（後續會再說明 emission 函數），釋放出基質分子。

之後，重新選取隨機的鄰域細胞。如果要將膜分子分解成兩個基質分子，目標細胞必須是空的，才能存放多餘的基質分子。因此確認之後，以機率 1 執行 bond_decay，刪除所有與細胞膜相連的結合（後續會再說明 bond_decay 函數）。

最後，在細胞放入兩個基質分子，disintegrating_flag 恢復成 False 即結束。

在這個過程中，如果沒有進行 disintegration，會維持 disintegrating_flag，利用下次的反應再次測試。

· bonding

bonding 是膜分子與相鄰膜分子結合的反應（L ＋ L → L － L）。結合的膜分子不會移動，因此形成內含觸媒的封閉細胞膜。

但是膜分子的結合有幾個條件：

- 膜分子最多產生兩個結合
- 兩個結合形成的角度超過 90 度（禁止 45 度結合）
- 禁止交叉結合

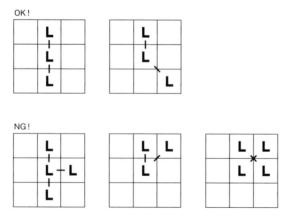

圖 3-4 禁止的結合

‧在以下三種情況，兩個膜分子的結合機率不同

- 兩個膜分子沒有結合時（chain_initiate_probability 引數）

- 一個膜分子已經結合時（chain_extend_probability 引數）

- 二個膜分子全部結合時（chain_splice_probability 引數）

此外，在範例程式的 SCL 模型中，為了輕易形成細胞膜，增加了以下限制。這些限制可以用 bonding 函數的引數控制，請試著確認並實驗對結果有什麼影響（預設值是兩個都開啟）。

‧利用結合鏈限制
如果 moore 鄰域有含有兩個結合的膜分子，將無法結合（利用 chain_inhibit_bond_flag 控制）

‧利用觸媒分子抑制
若 moore 鄰域含有觸媒分子，就無法結合（利用 catalyst_inhibit_bond_flag 控制）

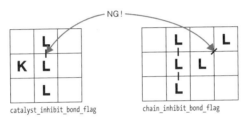

圖 3-5 利用範例程式控制結合

接著一起來瞭解執行狀況。

```
def bonding(particles, x, y,
            chain_initiate_probability, chain_splice_probability, chain_extend_
probability,chain_inhibit_bond_flag=True, catalyst_inhibit_bond_flag=True):
    p = particles[x,y]
    # 隨機選擇目標鄰域的粒子
    n_x, n_y = get_random_moore_neighborhood(x, y, particles.shape[0])
    # 確認兩個分子的類型、結合數量、角度、交叉情況
    n_p = particles[n_x, n_y]
    if not p['type'] in ('LINK', 'LINK_SUBSTRATE'):
        return
    if not n_p['type'] in ('LINK', 'LINK_SUBSTRATE'):
        return
    if (n_x, n_y) in p['bonds']:
```

```
            return
    if len(p['bonds']) >= 2 or len(n_p['bonds']) >= 2:
        return
    an0_x, an0_y, an1_x, an1_y = get_adjacent_moore_neighborhood(x, y, n_x, n_y,
particles.shape[0])
    if (an0_x, an0_y) in p['bonds'] or (an1_x, an1_y) in p['bonds']:
        return
    an0_x, an0_y, an1_x, an1_y = get_adjacent_moore_neighborhood(n_x, n_y, x, y,
particles.shape[0])
    if (an0_x, an0_y) in n_p['bonds'] or (an1_x, an1_y) in n_p['bonds']:
        return
    an0_x, an0_y, an1_x, an1_y = get_adjacent_moore_neighborhood(x, y, n_x, n_y,
particles.shape[0])
    if (an0_x, an0_y) in particles[an1_x,an1_y]['bonds']:
        return
    # 在以下兩種情況不會產生 Bonding
    # 1) moore 鄰域含有已經結合的膜分子時 (chain_inhibit_bond_flag)
    # 2) moore 鄰域含有觸媒分子時 (catalyst_inhibit_bond_flag)
    mn_list = get_moore_neighborhood(x, y, particles.shape[0]) + get_moore_
neighborhood(n_x, n_y, particles.shape[0])
    if catalyst_inhibit_bond_flag:
        for mn_x, mn_y in mn_list:
            if particles[mn_x,mn_y]['type'] is 'CATALYST':
                return
    if chain_inhibit_bond_flag:
        for mn_x, mn_y in mn_list:
            if len(particles[mn_x,mn_y]['bonds']) >= 2:
                if not (x, y) in particles[mn_x,mn_y]['bonds'] and not (n_x, n_y) in
particles[mn_x,mn_y]['bonds']:
            return
    # Bonding
    if len(p['bonds'])==0 and len(n_p['bonds'])==0:
        prob = chain_initiate_probability
    elif len(p['bonds'])==1 and len(n_p['bonds'])==1:
        prob = chain_splice_probability
    else:
        prob = chain_extend_probability
    if evaluate_probability(prob):
        p['bonds'].append((n_x, n_y))
        n_p['bonds'].append((x, y))
```

首先，隨機選擇成為結合對象的分子，接著確認兩個分子的類型、內含的結合數量及角度。如果要確認角度，先使用 get_adjacent_moore_neighborhood 函數，在分子 A 的 moore 鄰域，取得與分子 B 相鄰的兩個細胞（請參考 P65 的專欄）。

確認其中有沒有與粒子 A、B 結合的膜分子，A 與 B 互換，進行相同檢查。這樣就可以確認有沒有 45 度的結合。另外，使用 get_adjacent_moore_neighborhood 取得兩個細胞，確認是否結合，可以進行交叉比對。

接下來，根據各個旗標，確認結合鏈與觸媒分子的限制。

最後，按照結合對象的兩個分子之結合機率，產生結合即完成。

如這裡看到的，bonding 反應牽涉到各種參數，這些調整能強烈影響細胞膜產生的狀態及其穩健性，因此請利用各種設定進行實驗。

· bond decay

bond decay 與 bonding 相反，是膜分子含有的結合會自然消滅的反應。

利用 bonding，可以結合膜分子，但是結合的膜分子也會隨機消滅。產生的細胞膜非靜態，會不斷消滅、生成，以維持細胞膜，這是自我生成的有趣之處，因此把這種反應放入模型內非常重要。

```python
def bond_decay(particles, x, y, probability):
    p = particles[x,y]
    if p['type'] in ('LINK', 'LINK_SUBSTRATE') and evaluate_probability(probability):
        for b in p['bonds']:
            particles[b[0], b[1]]['bonds'].remove((x, y))
        p['bonds'] = []
```

執行過程非常簡單。確認目標粒子是否為膜分子，評估機率後，利用該細胞與結合對象的bonds 刪除資料。

· absorption、emission

在 SCL 模型中，細胞膜會吸收（absorption）或釋放（emission）相鄰基質，讓膜分子穿過基質分子。因此，就算形成封閉的細胞膜，也會向內部供給基質分子來維持細胞膜。

```python
def absorption(particles, x, y, probability):
    p = particles[x,y]
```

```
    # 隨機選擇目標鄰域的粒子
    n_x, n_y = get_random_moore_neighborhood(x, y, particles.shape[0])
    n_p = particles[n_x, n_y]
    if p['type'] != 'LINK' or n_p['type'] != 'SUBSTRATE':
        return
    if evaluate_probability(probability):
        p['type']   = 'LINK_SUBSTRATE'
        n_p['type'] = 'HOLE'


def emission(particles, x, y, probability):
    p = particles[x,y]
    # 隨機選擇目標鄰域的粒子
    n_x, n_y = get_random_moore_neighborhood(x, y, particles.shape[0])
    n_p = particles[n_x, n_y]
    if p['type'] != 'LINK_SUBSTRATE' or n_p['type'] != 'HOLE':
        return
    if evaluate_probability(probability):
        p['type']   = 'LINK'
        n_p['type'] = 'SUBSTRATE'
```

兩者一開始都是從目標細胞的鄰域，隨機選擇細胞，確認兩者的 type 是否適當，接著評估反應機率，產生反應。

absorption 是基質分子被膜分子吸收的反應，所以 LINK 與 SUBSTRATE 變成 LINK-SUBSTRATE 與 HOLE。然而，emission 是含基質分子的膜分子在空間中釋放基質分子的反應，因此 LINK-SUBSTRATE 與 HOLE 轉換成 LINK 與 SUBSTRATE。

利用以上方式，即可完成 SCL 模型的執行步驟。瞭解了各個參數的意義之後，請試著隨意調整，進行實驗。

關於 scl_utils.py
---

get_neumann_neighborhood(x, y, space_size)

以串列方式回傳四個 neumann 鄰域的座標

get_random_neumann_neighborhood(x, y, space_size)

隨機回傳一個 neumann 鄰域中的座標

get_moore_neighborhood(x, y, space_size)

以串列方式回傳八個 moore 鄰域的座標

get_random_moore_neighborhood(x, y, space_size)

隨機回傳一個 moore 鄰域中的座標

get_random_2_moore_neighborhood(x, y, space_size)

隨機回傳兩個 moore 鄰域中的座標,但是要保證兩點相鄰

get_adjacent_moore_neighborhood(x, y, n_x, n_y, space_size)

回傳在 (x, y) 的 moore 鄰域中,與 (n_x, n_y) 相鄰的兩個座標。(n_x, n_y) 一定要提供 (x, y) 的 moore 鄰域座標

evaluate_probability(probability)

根據機率 probability,回傳 True 或 False。probability 一定要介於 0 到 1 之間

鄰域的種類

細胞自動機使用的鄰域有幾種,最知名的是「neumann 鄰域」及「moore 鄰域」。neumann 鄰域是顯示上下左右四個細胞,相對來說,moore 鄰域是顯示包含斜角在內的八個細胞。例如,生命遊戲就是使用 moore 鄰域的細胞自動機。

圖 3-6 neumann 鄰域(左)與 moore 鄰域(右)

● SCL 改良模型

在 SCL 模型中，出現了自我生成、維持生命基本性質的細胞膜，這個功能與感覺運動系統有什麼關係？

雖然我們一開始就假設機器人含有感測器與馬達，但是一般認為，原始生物的感知運動系統（含感測器與馬達）和維持細胞膜的代謝過程或細胞膜本身並沒有分別。

於是，鈴木啟介與池上高志改良了 SCL 模型，透過細胞膜的自我生成，探究感覺運動系統的起源 [17]。

在 SCL 改良模型中，增加了新的膜分子類型「機能膜分子」。在原本的模型中，所有的基質分子都能穿過膜分子，但是在改良後的模型中，只能穿過機能膜分子。環境中的基質分子濃度會隨著這種穿透性差異而產生變化。此外，之前隨機移動的觸媒分子，也增加了把在機能膜分子鄰域的觸媒分子推到一邊的規則。

利用上述兩項調整，可以觀察到，該模型會透過細胞膜修復過程產生運動，細胞膜會因為產生的運動而變得不穩定，然後再次運動。在自我維持的過程中，也會產生運動。

基質分子可以當成是對濃度梯度產生反應的感測器，穿過機能膜分子，產生了鬆散的感覺運動耦合。這種透過分子擴散過程產生的感覺運動耦合，也可能存在於實際的原始生物中。

SCL 模型及其改良模型是非常簡單的規則組合，但是利用這種手法進行模擬，可以理解自我生成、感覺運動系統等生命擁有的自主性，不會落入抽象的生機論（認為生命是按照和機器理論不同的原理來運作）。

3.1.3 von Neumann 的自我複製自動機

定義了個體這個單位後，接下來要說明生命中的重要課題「自我複製」。將自我複製從哲學問題轉換成科學問題的人，就是 von Neumann。

von Neumann 為了思考生命的自我複製，提出「機器也可以自我複製？」的疑問。以證明數學定理的態度來思考生命的自我複製。因此，他首先想到的是，收集漂浮在水上的木片，進行自我複製的系統。可是，數學家 Stanisław Ulam 點出了這個想法的問題。

接著，他又想到可以分成定義後就能複製的「機器」，與不定義、直接複製的「磁帶」。分成「機器」與「磁帶」的想法簡直就和 DNA 一樣，但是 von Neumann 在發現 DNA 之前，就已經提出在自我複製中，需要有描述自我的「磁帶」。

例如，詢問大學生「生命是什麼？」我想多數人會回答「擁有 DNA 及細胞的生命系統。」若要跨世代傳遞資料，就需要 DNA。繼承到的 DNA 就像電腦程式一樣，經過整合、執行，可以製作出身體（蛋白質）。在發現 DNA 之前，一般認為，自我複製是由多種蛋白質負責。後來 James Watson 與 Francis Crick 發現到其實祕密藏在 DNA 的雙股螺旋中。

根據 von Neumann 的想法，使得過去概念十分抽象的自我複製，變成能用科學方式處理的結構。基於這一點，von Neumann 的自我複製自動機可以定義成與自我複製有關、ALife 最早的模型。

Neumann 在二維格狀網格中，置入取得 29 個狀態的「細胞」，設計出 1) 狀態之間轉移的規則及 2) 在細胞自動機上，完成空間性的預設配置。

圖 3-7 就是全貌。預設配置是由「資料」（磁帶）部分與定義該資料的「機器」區域構成。往右延長的部分是資料。左邊的塊狀是機器區域，排列出 29 種細胞。

從資料載入訊息，並將其傳送到機器部分解碼（定義），組合細胞。在機器中，傳送 5 組細胞，直到全部到齊，才會開始解碼。因此，必須「調節延時」，機器的配置會因為延時而變複雜。

經過這個步驟，產生與自我極為類似的結果，發生自我複製。

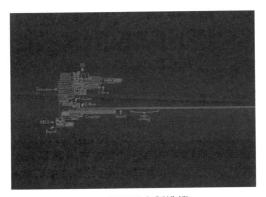

圖 3-7 Neumann 的通用自製造機

Neumann 的自我複製自動機稱作「通用製造機」。換句話說，磁帶上編碼的部分都可以複製。雖然各種形狀的區域都會自我複製，但是其中有一個根本的複製區域。

當然，von Neumann 的自我複製自動機究竟是什麼形狀，是否確實複製，恐怕除了 von Neumann 本人，其他人根本無法想像。1995 年首度在電腦上具體建構了通用製造機，讓自我複製自動機真實展現在眾人的眼前。

將其付諸執行的是義大利的 Pesavento 與 Nobili[18]。下圖 3-8 是之後由 Nobili 等人製作出不同版本的自我複製自動機。

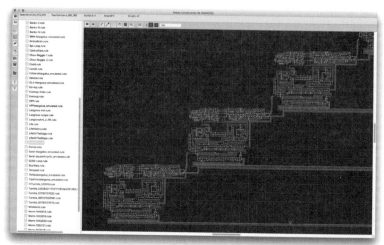

圖 3-8 Pesavento 與 Nobili 的執行結果

圖為劍橋的 Adam Bede 類型

● Golly

但是，Pesavento 與 Nobili 的自我複製自動機有 32 種狀態，與 von Neumann 原創的 29 種狀態自動機不同。之後，經過改良，Timothy Hutton 在 2008 年提出 29 種狀態的自我複製自動機。

在此過程中，自我複製自動機的模擬也有重大發展。其中，稱作「Golly」的模擬器可以利用雜湊演算法，加速自動機的時間發展，因而能實際觀測到 von Neumann 自我複製自動機的運作狀態。

以下將安裝 Golly，實際執行 von Neumann 的自我複製自動機。

程式的執行方法

從以下網址可以下載程式。

・Golly 網站：http://golly.sourceforge.net/

上述網址提供了 Windows/Mac/Linux，甚至 iPad、Android 都可以執行的軟體。以下執行的
是 Mac 版的 Golly（Golly-3.1-Mac）。

安裝之後，啟動 Golly，會顯示以下畫面。

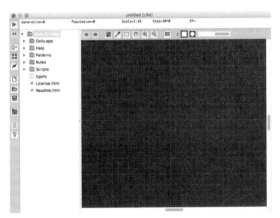

圖 3-9 Golly 的預設畫面

在畫面左邊的目錄清單中，選擇「Golly-3.1-Mac/Patterns/Self-Rep/JvN」資料夾，點選裡面
的「JvN-loop-replicator.rle.gz」，在黑色畫面中，就會出現 von Neumann 自我複製自動機的
預設狀態。

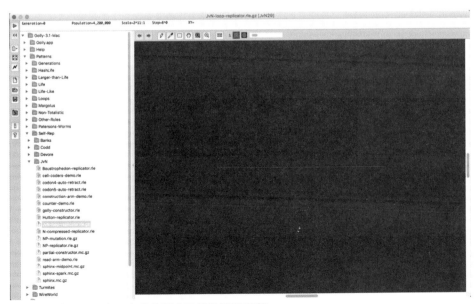

圖 3-10 在 Golly 上，自我複製自動機的預設狀態

磁帶部分非常長，可以看到一條紅線。放大顯示，左側會出現如圖 3-11 所示的機器部分！

按下畫面左上方的綠色執行按鈕「Start generating」，就會開始自我複製，在 C-Arm 可以看到從機器部分進行自我複製的樣子。

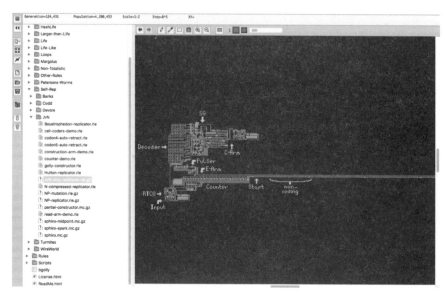

圖 3-11　von Neumann 的自我複製自動機

● 其他的自動機

Pesavento 與 Nobili 的自我複製自動機有 6,329 個細胞，一次自我複製需要 6.34×10^{10} 個世代。Buckley 的自我複製自動機更複雜，有 18,589 個細胞，複製一次需要 2.61×10^{11} 個世代。即使用 Golly 模擬，也需要花費很長的時間才能完成自我複製。

因此，自 von Neumann 的研究之後，學者們不斷想盡辦法減少細胞數量，希望創造出按照單純規則來運作的自我複製自動機。Codd 提出的自我複製自動機就是其中之一 [19]。

Codd 的自我複製自動機與 Neumann 不同，可以利用取得 8 個狀態的細胞來進行自我複製。可是，卻也因此需要龐大的區域。Codd 的自動機需要 $22,254 \times 55,601$ 個細胞。結果，完成一次複製，需要 1.7×10^{18} 個步驟。如果使用記憶體為 2GB 的電腦，執行一次自我複製，需要花上千年的時間。

1984 年 Christopher Langton 提出，在 Neumann 的自我複製自動機中，放棄「通用製造機」的基本條件，以 86 個細胞形成的 7 種狀態，可以完成有限的自我複製（圖 3-12）。

可是，Langton 的自動機只有某些細胞能自我複製。如此一來，就和礦物的結晶生長沒什麼兩樣。換句話說，平凡（trivial）的自我複製是決定自動機的規則後，就決定了可以複製什麼，但是其中有很多作法並不存在。

然而，自動機的規則無法設定成一個自我複製的單位時，會當作「非平凡（nontrivial）」。自我複製的方法為非平凡，這一點很重要。若非如此，地球上可以自我複製的模式將只有一個。

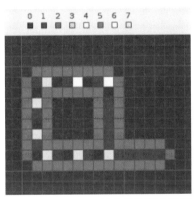

圖 3-12 Langton 的自我複製自動機

3.2 能有效抵抗雜訊的自我複製

前面介紹的自我複製方法非常難設計，只要改變狀態的一個位元，就無法自我複製。

再次重申，這種穩健性（頑強性）的問題很難處理。如果有一個位元在某種契機下，不斷從 0 變成 1 或 1 變成 0，就無法自我複製，倘若我們身體的細胞一旦改變，就會死亡，將會非常恐怖！

事實上，我們的細胞常常發生翻譯錯誤的情況。錯誤有時是因為雜訊引起，也可能是因為增殖過程的不穩定性造成。現實世界充斥著這種雜訊及錯誤，因此必須具備適當的修復能力。

實際的生物具有修復能力。可是，沒有這種能力的 Neumann 自動機無法直接移植到現實世界。

或許就像數學家 Peter Gacs 在 2001 年所說的，要解決這個問題，可能需要在任何雜訊下，都能進行複雜自我修復的自動機演算法 [20]。

Gacs 提出了在一維自動機中，含有面對任何雜訊，都可以穩定進行自我修復的規則。在自動機的無限階層中，模擬自我，能進行原階層的自我修復。可是，這樣需要一個大型模擬空間，才能穩健面對任何雜訊。實際上，最大每個細胞需要 2 的 293 次方的狀態數量。

相反地，把 Gacs 的自我複製自動機與 von Neumann 的自我複製自動機結合，或許可以建構出能導入現實世界的自我複製自動機。

3.2.1 Gray-Scott 模型的化學反應系統

另一個能穩健面對雜訊的例子，就是利用第二章介紹過的化學反應 Gray-Scott 模型，建構出來的複製子。

在 Gray-Scott 模型中，幾乎所有圖靈紋都是由兩個成分的化學反應系統產生的。其中，包括自我複製的化學斑點（spot）。從側面檢視化學斑點，是這種模樣。

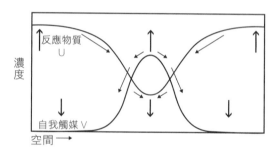

圖 3-13　Gray-Scott 模型的化學斑點

反應物質 U 是與觸媒 V 一起產生反應的局部結果。在二維平面上，會形成以下模樣。

圖 3-14　二維平面上的化學斑點

像這樣，我們可以模擬最初的斑點經過分裂、增殖後的結果。

這個增殖過程不具有 von Neumann 的通用自我觸媒性，卻是能有效對抗雜訊的複製子。Gray-Scott 模型非實際的化學反應，卻可以在比細胞自動機更實際的連續狀態、空間、時間模型中，進行自我複製。

不過，Gray-Scott 模型的化學斑點擴大到整個空間後，會進入穩定狀態，斑點不再增殖或死亡，因此這種複製看起來也非常接近礦物的晶體生長。於是有學者提出擴大 Gray-Scott 模型，一邊移動空間，一邊自我複製的反應擴散系模型 [21][22]。這些例子包含在範例程式裡，請試著執行看看。

範例程式的執行方法

範例程式位於 chap03 目錄中，請切換至儲存該檔案的目錄再執行。

```
$ cd chap03
$ python rd_self_replication_1.py
$ python rd_self_replication_2.py
```

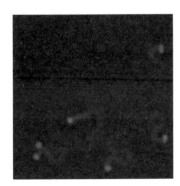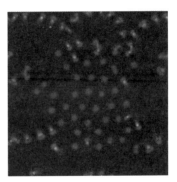

圖 3-15 在空間中到處移動並自我複製的化學斑點模型

利用 Gray-Scott 模型，可以把 U 與 V 等兩種化學物質增加成三種，化學反應也會產生變化。把這個程式與第二章的 Gray-Scott 模型做比較，即可瞭解會變成何種模型。

化學斑點不需要自我描述磁帶。即使沒有這個部分，也可以增殖。然而，必須自我複製的資料也沒有記載在任何地方。換句話說，該資料位於複製反應方程式的參數中。由於要複製的資料是中繼資料，所以複製的斑點無法存取。因為沒有複製子的描述，所以複製子難以演化。就這點來看，與礦物的晶體生長沒什麼兩樣，自我生成理論還稱不上是演化。

要把自我複製、演化、繼承資料當作生命系統的突現，仍然缺乏具體的想法。

3.2.2 實際的自我複製機

● Penrose 製作的自我複製實機

為了想出能承受現實世界雜訊的自我複製，有人開始試著在現實世界中，製作自我複製機，那就是遺傳學者 Lionel Penrose 及他的兒子物理學家 Roger。他們利用彈簧與鉤子，組合成能簡易表現自我複製的木製玩具。

鉤子（爪子）可以把玩具連起來，連接三個玩具之後，要連接第四個玩具時，鉤子會彈起，使玩具分離成兩個，最後完成兩個複合式的複製單元。基於不碰撞就無法完成自我複製這一點，碰撞這個「雜訊」不會干擾自我複製，反而會成為契機。

當玩具彼此碰撞，就會「自我複製」出該數量。相對於純粹利用演算法產生自我複製的細胞自動機，Penrose 的自我複製機是利用雜訊與組合玩具的鉤子，創造出自我複製。

Penrose 的自我複製是在加入搖晃當作雜訊的空間中進行的。

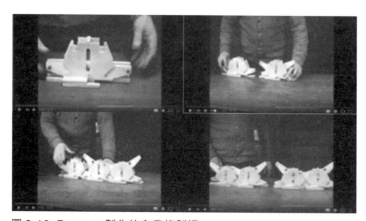

圖 3-16 Penrose 製作的自我複製機

引用自「Automatic Mechanical Self Replication」（https://www.youtube.com/watch?v=2_9ohFWR0Vs）

● Nathanael 與 Chrysantha 的自我複製機

另外，化學家 Nathanael 與 Chrysantha 在 2012 年提出用二維方式製作出自我複製機 [23]。

在空氣曲棍球桌上，蝙蝠形狀的物件到處移動，其動力來自安裝在空氣曲棍球桌邊的風扇。

圖 3-17 Nathanael 與 Chrysantha 製作的實機

引用自文獻 [23]

看起來像蝙蝠的物體是使用轉軸當作動力，再加上磁鐵與橡皮製作而成。如圖 3-17 所示，有黑白兩種，和 Penrose 的鉤子一樣，會一邊旋轉，一邊整合成特殊形狀，結果就產生類似 Penrose 的複製單元。

這裡的重點是，出現特殊合體的蝙蝠形狀設計。這個形狀是為了用遺傳演算法演化，產生特殊性而設計出來的。因此，和 von Neumann 的通用複製子不同，也沒有磁帶。利用遺傳演算法，準備各種類型的形狀，隨機選擇，反覆嘗試錯誤之後，使得某個形狀出現反覆自我複製的狀態。

如果是單純的形狀，會與任何物體連結，形成一大塊。因此，讓「反應的特異性」演化，只允許某個已經決定的形狀組合、自我增殖。這一點和 Langton 的複製子一樣，雖然不是通用複製子，卻有非平凡性！這裡所謂的非平凡性是指，無法輕易知道答案，卻有某個重要部分。

此外，在這種來回晃動的環境下自我複製，需要能因應雜訊的穩健性。這是指，即使想利用雜訊組合物件，如果沒有成對，就無法合體，這種形狀的特異性確保了穩健性。

可是相對來說，演化的可能性會出現問題。過於穩健的自我複製接近晶體生長，完全不會演化，這一點請見下一節的說明。

3.3　自我複製與演化

自我複製只是生命系統的其中一半，更重要的另一半是演化。

四十億年前，地球誕生，當水開始形成地球表面之後，就產生了可以自我複製的分子，讓演化露出一線曙光。出現能自我複製的個體，開始物競天擇。換句話說，複製出來的子孫，只有環境適應力最優秀的個體才會存活。

到目前為止，討論了穩健自我複製。不論製作出多麼精密的模型，如果沒有能對抗雜訊及錯誤的穩健性，將無法在現實世界中生存。事實上，von Neumann 的通用製造機是無法自我複製的，因為它是用精密的預設狀態，配置大規模細胞自動機的格子所建立而成，就算只加入 1 位元的雜訊（換句話說，該配置只錯了一個），也無法完成自我複製。

可是，如果要演化，就不能過於穩健。過於穩健的系統，會以良好的效率，進行指數函數式的自我增殖，讓整個系統窒息而死。例如，在食物豐富的水域，產生大量的浮游生物，生態系就會窒息。為了避免破壞整個生態系，需要有維持多元化的結構。

在演化中，自我複製與多元化的關係恰好相反，自我複製的問題是必須動態變化適應度，因此這裡利用整個生態系來探討，讓你瞭解其中的意義。

3.3.1 「磁帶與機器」模型

池上等人進行的「磁帶與機器」研究，以生態系的觀點，檢視了雜訊與演化的關係[24]。

von Neumann 的細胞自動機是以機器直接讀取記錄在磁帶上的資料為前提。可是，思考生物演化時，讀取磁帶資料的機器，應該會依個體而異吧？其中會不會發生自我不穩定？此時，用來確認複製了什麼、如何演化的模型，就是「磁帶與機器」。

「磁帶與機器」模型是由記錄資料的磁帶與讀取資料的機器構成。

機器大致可以分成「讀寫頭」（head）、「尾部」（tail）、「遷移表」等三個部分，以位元序列表示，磁帶也是用位元序列形成的環狀帶子。機器會查詢磁帶，一旦在磁帶上找到與記錄於機器的讀寫頭及尾部相同的位元類型，就會把讀寫頭到尾部之間，當作「閱讀框（Reading Frame）」，讀取該部分，並「複製」磁帶。讀取時，檢視「遷移表」，按照遷移表的規則，進行「翻譯」，製作出新磁帶。

根據遷移表的內容，可能製作出相同或不同的磁帶。按照遷移表，製作出不同磁帶，屬於決定論型的積極式突變，因此稱作「主動突變（active mutation）」。另一種突變是「被動突變（passive mutation）」，這是指受到外在隨機雜訊的影響，而不按照遷移表寫入磁帶的情形。

機器內含有遷移表，按照該規則，即使是相同的磁帶，也可能製作出不同的結果，把這個概念放入模型中，代表自己本身就含有不穩定性，這一點與 von Neumann 的自我複製自動機有很大的差別。

這樣製作出來的磁帶，會按照內容，建立製作（編碼）磁帶的機器。

上述的機器與磁帶可以模擬許多生態系。各個機器和磁帶會按照其數量成等比例增加，舊的機器與磁帶有一定的比例會被消滅。

你可以從中觀察到哪種磁帶會建立編碼機器，哪種機器會讀取磁帶，是否發生自我複製。

3.3.2 核心網路

「磁帶與機器」模型在幾乎沒有外部雜訊，亦即很少出現被動突變的情況下，只有最低限度的自我複製網路（亦即一個磁帶編碼一台機器，該機器可以完全複製磁帶）加上側鏈（磁帶有時會產生雜訊）的簡單網路存在。

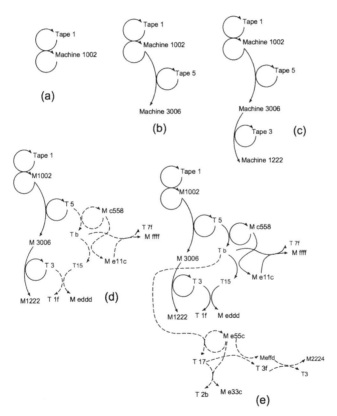

圖 3-18　最低限度的自我複製

如圖 3-18 所示，當外部突變（被動突變）小，會反覆執行 (a) (b) (c)，但是基本上 Tape1 與 Machine1002 是成對的，M1002 複製 Tape1，Tape1 將 M1002 編碼。可是，當外部雜訊增加超過一定程度，網路將會變複雜 (d)(e)。

因為略微增加外部雜訊時，在簡單的小型自我複製網路中，會根據其他機器製作的磁帶，建立出別的機器。這種突變會讓主機器的數量減少，而且按照主現象產生的機器數量也會減少，還會反覆發生增加主機器個數的振動。

此外，當外部的雜訊稍微增加，自體無法單獨生存時，就會寄生在其他個體，自我複製出網路。有趣的是，這種寄生物種的被動突變率容易變高。被動突變代表機器複製磁帶失敗。換句話說，因為失敗，才開始能複製整體。

即使整體穩定之後，去除外在雜訊，只有主動突變，亦即僅以決定論型替換，也能維持整體的自我複製（相同的磁帶與機器群）。換句話說，這是指程式模仿以隨機雜訊產生的磁帶替換及機器複製，並進化成演化演算法式的錯誤。這種完全用程式替換來維持的網路，稱作「核心網路」。

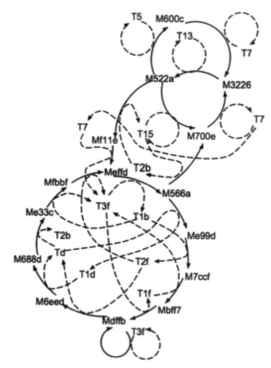

圖 3-19 核心網路的範例
引用自文獻 [24]

起初單一的自我複製在核心網路中，演化成網路級的自我複製。

這一點對照微生物容易受到外在雜訊引起突變，但是愈高等的生物，愈會擁有控制外在雜訊的功能，顯得非常有趣。一般認為，在演化的初期階段，外在雜訊引起的突變（被動突變），會成為重要的演化動力，變成高等生物之後，積極的主動突變就成為演化動力。

從其他觀點來看，當外在雜訊變高，磁帶的寫入錯誤會變多，一旦雜訊超過臨界濃度，因為錯誤太多，而把錯誤本身當作程式，從自我複製變成他我複製，換句話說，會變成 A 不製作 A，而是 A 系統製作 B，B 系統製作 A。

雜訊高的時候，不會建立自我，而是建立不易壞掉的「他者」，這種邏輯形成了網路。我們人類也會彼此交談、互相來往，或隨著年齡增長，而逐漸改變必須複製的自我。因為自我除了要維持，也得隨著擴張而改變必須複製的自我。如果網際網路有自我，在持續出現物理性變化的網路上，就會複製突現自我的模式吧！

這樣複製出來的網路，自我變得模糊，獲得了適應環境變化的穩定性，這種當作整體來複製的情況，也會出現在自然界。尤其是 RNA 病毒，我們稱作「類種（quasi-species）」。

在「磁帶與機器」中，當錯誤變大，就能看到從自我複製轉移到他我複製階段的類種突現。類種更新了過去的生命＝自我複製的概念。複製不限於自我，也會開始建立包含產生錯誤（變異）的他者網路。

在目前的演化賽局理論中，把自私的代理人群體出現何種協調行為，當作演化理論來思考。可是，不論是檢視網際網路、最新的技術發展，或觀察自我複製的網路，進行模型實驗，協調性的公共系統演化一直持續發生。無論如何，ALife 的強項就是，在完全人工的世界裡，探究這種演化邏輯的可能性。

參考文獻

[16] Varela, Francisco J.; Maturana, Humberto R.; Uribe, R., Autopoiesis: the organization of living systems, its characterization and a model, Biosystems, vol5, p.187-196, 1974. one of the original papers on the concept of autopoiesis.

[17] Keisuke Suzuki and Takashi Ikegami, Shapes and Self-movements in Autopoietic Cell Systems, Artificial Life, vol.15, no.1, p.59-70, 2009.

[18] Pesavento, U., An implementation of von Neumann's self-reproducing machine, Artificial Life, vol.2, no.4, p.337-354, 1995.

[19] Codd, Edgar F., Cellular Automata, Academic Press, New York, 1968.

[20] https://link.springer.com/article/10, 1023/A:1004823720305.

[21] Virgo, Nathaniel David., Thermodynamics and the structure of living systems, Diss, University of Sussex, 2011.

[22] Froese, Tom, Nathaniel Virgo, and Takashi Ikegami, Motility at the origin of life: Its characterization and a model, Artificial life, 20.1, p.55-76, 2014.

[23] N Virgo, C Fernando, B Bigge, P Husbands, Evolvable physical self-replicators, Artificial life, 18 (2), p.129-142, 2012.

[24] Ikegami, Takashi.; Hashimoto, Takashi., Active Mutation in Self-Reproducing Networks of Machines and Tapes, Artificial Life, 1995, vol.2, no.4, p.305-318, 1995.

第四章
生命群體

當個體產生，並能自我複製時，該集團會形成群體，不過此時的群體會像是一個個體來動作。在 ALife 領域，自主移動的個體之間，彼此協調並產生動作時，會當作「突現」機制來探究群體本身的行為類型或結構。

本章將執行模擬鳥群的 Boids 模型，探討「群體」的本質，檢視集體的突現現象在網際網路中產生群體智慧，進而衍生整個社會系統的溝通問題流程。

4.1 突現現象

歷史學家 David Christian 在他的隨筆中寫到，「突現（emergence）」是最美的科學概念。

突現現象是自主移動的個體之間，彼此合作的結果、產生自我組織性的模式或結構的現象。在自然界的生命中，存在著許多突現現象。例如形成生物形狀或模樣的自我組織化，或鳥群、昆蟲群體的個體之間局部作用，呈現出高層次群體行為的現象等。

在 ALife 的研究歷史中，也有許多產生突現現象的研究。

前面幾章介紹過的 von Neumann 細胞自動機，Alan Turing 的反應擴散系統模型，都是把這種微小相互作用的結果，以模式或結構呈現突現現象的範例。其他還有模仿蟻群找出食物到蟻穴最短路徑的計算方法（蟻群演算法 Ant Colony Optimization）、模仿魚群或鳥群的其中一個個體，發現較好的路徑時，不論在哪裡，群體中的其他個體都會立刻學習的計算方法（粒子群最佳化 Particle Swarm Optimization）等應用。

在 ALife 的突現現象模型中，Craig Raynolds 於 1986 年提出的「Boids」模型堪稱是劃時代的研究結果 [25]。Boids 是從 bird-oid，亦即「類似鳥群」衍生出來的單字。

Boids 模型是利用三個簡單的規則，建立群體的演算法。Raynolds 的想法讓當時使用於電腦動畫上的電腦圖像（CG）技術，出現大幅的進步。過去，要表現大部分物體的動作時，必須由創意師逐一設定各個物體，是非常困難的工作。

Raynolds 的 Boids 模型可以有效率地自動控制形成或移動群體。Boids 模型出現的隔年 1987 年，這個模型運用在 CG 短篇動畫《Stanley and Stella in: Breaking the Ice》，受到各界矚目。之後，由 Tim Burton 執導的好萊塢電影《蝙蝠俠大顯神威》，也在蝙蝠群及企鵝群的場景使用了這個模型。

Raynolds 提出 Boids 模型之後，為了產生更複雜、更逼真的生物動作，在 Boids 模型加入了各式各樣的改良。例如，提出了建立群體時，結合恐懼情緒影響的模型，或像真實鳥群般，察覺外在危險的鳥兒成為首領，導入帶領鳥群避開危險能力的模型。

整合這種群體的電腦動畫技術，最知名的軟體就是「MASSIVE」。MASSIVE 是由學過 ALife 的天才工程師 Stephen Regelous 製作，並且廣泛運用在《魔戒首部曲：魔戒現身》，半獸人族群等大規模戰鬥場景的電影或電玩作品中。

4.2　Boids 模型

接下來，讓我們立刻執行程式碼 chap04/boids.py，瞭解什麼是 Boids 模型。

範例程式的執行方法

範例程式位於 chap04 目錄中，請切換至儲存該檔案的目錄再執行。

```
$ cd chap04
$ python boids.py
```

在 Boids 模型中，個體有各自的位置與方向，按照「分離」、「對齊」、「結合」等三種規則來移動。

- 「分離」（SEPARATION）
  移開以避免與周圍的個體碰撞。

- 「對齊」（ALIGNMENT）
  朝著與周圍個體相同方向飛行。

- 「結合」（COHESION）
  統一朝周圍個體的中心方向移動。

分離　　　　　　　　對齊　　　　　　　　結合

圖 4-1　Boids 模型的規則

這三種規則分別含有決定力量大小、與互相作用對象的距離、可視角度的參數。改變這些參數，能產生各種群體模式。

試著執行程式，如果出現如圖 4-2 的影像並且開始移動，就代表成功了。剛開始隨意飛翔的個體到形成群體為止，可能需要花一點時間。此外，請根據你的電腦效能，調整變數 N 設定的個體數量。

圖 4-2　Boids 模型

```
參數：
# 力量強弱
COHESION_FORCE = 0.008
SEPARATION_FORCE = 0.4
ALIGNMENT_FORCE = 0.06
# 力量作用的距離
COHESION_DISTANCE = 0.5
SEPARATION_DISTANCE = 0.05
ALIGNMENT_DISTANCE = 0.1
# 力量作用的角度
COHESION_ANGLE = np.pi / 2
SEPARATION_ANGLE = np.pi / 2
ALIGNMENT_ANGLE = np.pi / 3
```

以三角形表示的各個個體，含有位置與速度等資料。

位置儲存在陣列 x，速度儲存在陣列 v。模擬的是三維空間，所以在陣列 x 會準備個體數 ×3（長、寬、高）的二維陣列。陣列 v 是三維空間中的各個個體速度。在 x 位置的 Boids，從結合（COHESION）、分離（SEPARATION）、對齊（ALIGNMENT）等三種力量算出速度 v，並且儲存在該處。為了簡化位置與速度的預設值，而讓 x、y、z 成分帶有隨機值。

```
# 位置與速度
x = np.random.rand(N, 3) * 2 - 1
v = (np.random.rand(N, 3) * 2 - 1 ) * MIN_VEL
```

接著，由以下九種參數決定能建立何種群體。

```
# 力量的強弱
COHESION_FORCE = 0.008
SEPARATION_FORCE = 0.4
ALIGNMENT_FORCE = 0.06
# 力量作用的距離
COHESION_DISTANCE = 0.5
SEPARATION_DISTANCE = 0.05
ALIGNMENT_DISTANCE = 0.1
# 力量作用的角度
COHESION_ANGLE = np.pi / 2
SEPARATION_ANGLE = np.pi / 2
ALIGNMENT_ANGLE = np.pi / 3
```

此外，還有一個決定 Boids 動作的重要參數，就是能取得速度的範圍。

```
# 速度的上限 / 下限
MIN_VEL = 0.005
MAX_VEL = 0.03
```

設定速度的上限及下限，避免無限加速，或被某個地方吸引而停止移動。一般認為，實際上鳥兒也有最高飛行速度及最低飛行速度，因此把這種情況也一併考量進去。

使用這九種參數，在 while 語法中，計算各個 Boids 的動作。

```
while visualizer:
    for i in range(N):
        # 在這裡計算個體的位置與速度
        x_this = x[i]
        v_this = v[i]
        # 其他個體的位置與速度陣列
        x_that = np.delete(x, i, axis=0)
        v_that = np.delete(v, i, axis=0)
        # 個體之間的距離與角度
        distance = np.linalg.norm(x_that - x_this, axis=1)
        angle = np.arccos(np.dot(v_this, (x_that-x_this).T) / (np.linalg.norm(v_this) *
np.linalg.norm((x_that-x_this), axis=1)))
        # 在各種力量作用範圍內的個體串列
```

```
        coh_agents_x = x_that[ (distance < COHESION_DISTANCE) & (angle < COHESION_
ANGLE) ]
        sep_agents_x = x_that[ (distance < SEPARATION_DISTANCE) & (angle < SEPARATION_
ANGLE) ]
        ali_agents_v = v_that[ (distance < ALIGNMENT_DISTANCE) & (angle < ALIGNMENT_
ANGLE) ]
        # 計算各種力量
        dv_coh[i] = COHESION_FORCE * (np.average(coh_agents_x, axis=0) - x_this) if
(len(coh_agents_x) > 0) else 0
        dv_sep[i] = SEPARATION_FORCE * np.sum(x_this - sep_agents_x, axis=0) if
(len(sep_agents_x) > 0) else 0
        dv_ali[i] = ALIGNMENT_FORCE * (np.average(ali_agents_v, axis=0) - v_this) if
(len(ali_agents_v) > 0) else 0
        dist_center = np.linalg.norm(x_this) # 與原點的距離
        dv_boundary[i] = - BOUNDARY_FORCE * x_this * (dist_center - 1) / dist_center if
(dist_center > 1) else 0
    # 更新速度並確認上限 / 下限
    v += dv_coh + dv_sep + dv_ali + dv_boundary
    for i in range(N):
        v_abs = np.linalg.norm(v[i])
        if (v_abs < MIN_VEL):
            v[i] = MIN_VEL * v[i] / v_abs
        elif (v_abs > MAX_VEL):
            v[i] = MAX_VEL * v[i] / v_abs
    # 更新位置
    x += v
    visualizer.update(x, v)
```

雖然這裡計算了 COHESION、SEPARATION、ALIGNMENT，但是手法全都一樣，所以這裡以 COHESION 為例來說明。

首先，在 for 語法的內部，取得目標對象第 i 個 Boids 的位置與速度，以及其他 Boids 的位置與速度，接著計算個體之間的距離與角度。

```
        distance = np.linalg.norm(x_that - x_this, axis=1)
        angle = np.arccos(np.dot(v_this, (x_that-x_this).T) / (np.linalg.norm(v_this) *
np.linalg.norm((x_that-x_this), axis=1)))
```

請注意 x_that、distance、angle 都會變成陣列。換句話說，distance[j] 會輸入第 i 個與第 j 個 Boids 之間的距離（正確來說，這個陣列不含第 i 個 Boids，所以如果 j 大於 i，則位移一個 Boids）。

之後，取出在力量作用範圍內的 Boids。

```
coh_agents_x = x_that[ (distance < COHESION_DISTANCE) & (angle < COHESION_ANGLE) ]
```

最後計算作用力的向量。

```
dv_coh[i] = COHESION_FORCE * (np.average(coh_agents_x, axis=0) - x_this) if
(len(coh_agents_x) > 0) else 0
```

假如在這個範圍內沒有個體，作用力為 0，此時上面計算出來的 coh_agents_x 應該是空的，因此使用三元運算子來判斷。

SEPARATION、ALIGNMENT 也是使用相同方法進行計算，但是最後力量的算式不同。

COHESION 是朝著周圍個體中心方向移動的作用。計算周圍個體的中心位置，針對與自身位置的差，乘上結合力（COHESION_FORCE）。

SEPARATION 是避免與周圍個體相撞的作用。假設受到來自周圍個體相同的力量，計算其他個體與自己位置的差，把這些值相加之後，再乘上分離力（SEPARATION_FORCE）。

相對於 COHESION、SEPARATION 是用來處理距離，最後的 ALIGNMENT 則是針對周圍個體的平均速度向量與自己速度向量的差，乘上對齊力（ALIGNMENT_FORCE）。

範例程式中，各種力的強度為：

```
COHESION_FORCE = 0.008
SEPARATION_FORCE = 0.4
ALIGNMENT_FORCE = 0.06
```

由於 COHESION_FORCE 是很小的數值（0.008），因此以弱結合力聚集。SEPARATION_FORCE 是 0.4，比 COHESION_FORCE 大，但是為了利用與各個個體的差來算出數值，而先縮小相互作用的半徑，只有過於靠近的情況，互斥力（分離力）才會作用。ALIGNMENT_FORCE 與 COHESION_FORCE 和 SEPARATION_FORCE 不同，是計算速度不是距離，所以數值的維度不一樣。

截至這裡為止，Boids 模型本體的執行過程就結束了，實際進行模擬時，邊界條件也會成為重要因素。

換句話說，只有上述條件，空間會無限延伸，個體幾乎都會分散飛行。在範例程式中，為了避免這種問題，針對原點到半徑 1 的球型內出現的個體，套用與距離成等比的中心力。

因此，可以先將個體群限制在模擬空間的原點附近，有助於產生群體。

```
dist_center = np.linalg.norm(x_this) # 與原點的距離
dv_boundary[i] = - BOUNDARY_FORCE * x_this * (dist_center - 1) / dist_center
if (dist_center > 1) else 0
```

這個部分是用來計算中心力。中心力與上述三種力一樣，最後會加上速度。

週期邊界條件（來自右邊的個體出現在左邊）很常用，而且執行方式也很簡單。

Boids 模型建立的群體模式看起來複雜且多元，但是有人嘗試將其行為歸納成 sawrm、torus、dynamic parallel group、highly parallel group 等四大類 [26]。

sawrm 是建立一個固定的群體，群體本身幾乎不動，內部的個體會朝各種方向移動。torus 是個體聚集成環狀，形成會旋轉的群體。dynamic parallel group 和 swarm 一樣，會聚集在一起，但是群體本身會動態移動。highly parallel group 是群體的個體統一朝著相同方向，直線前進的模式。

讓我們一起來檢視改變九種參數，群體的模式會產生何種變化。

```
# 力量的強弱
COHESION_FORCE = 0.2
SEPARATION_FORCE = 0.10
ALIGNMENT_FORCE = 0.03
# 力量作用的距離
COHESION_DISTANCE = 0.5
SEPARATION_DISTANCE = 0.08
ALIGNMENT_DISTANCE = 0.1
# 力量作用的角度
COHESION_ANGLE = np.pi / 2
SEPARATION_ANGLE = np.pi / 2
ALIGNMENT_ANGLE = np.pi / 3
```

```
# 力量的強弱
COHESION_FORCE = 0.005
SEPARATION_FORCE = 0.5
ALIGNMENT_FORCE = 0.01
# 力量作用的距離
COHESION_DISTANCE = 0.8
SEPARATION_DISTANCE = 0.03
ALIGNMENT_DISTANCE = 0.5
# 力量作用的角度
COHESION_ANGLE = np.pi / 2
SEPARATION_ANGLE = np.pi / 2
ALIGNMENT_ANGLE = np.pi / 2
```

```
# 力量的強弱
COHESION_FORCE = 0.008
SEPARATION_FORCE = 0.5
ALIGNMENT_FORCE = 0.05
# 力量作用的距離
COHESION_DISTANCE = 0.2
SEPARATION_DISTANCE = 0.04
ALIGNMENT_DISTANCE = 0.3
# 力量作用的角度
COHESION_ANGLE = np.pi / 2
SEPARATION_ANGLE = np.pi / 2
ALIGNMENT_ANGLE = np.pi / 2
```

```
# 力量的強弱
COHESION_FORCE = 0.008
SEPARATION_FORCE = 0.5
ALIGNMENT_FORCE = 0.05
# 力量作用的距離
COHESION_DISTANCE = 0.2
SEPARATION_DISTANCE = 0.04
ALIGNMENT_DISTANCE = 0.3
# 力量作用的角度
COHESION_ANGLE = np.pi / 2
SEPARATION_ANGLE = np.pi / 2
ALIGNMENT_ANGLE = np.pi / 2
```

圖 4-3 改變 Boids 模型的各種參數所產生的範例

Boids 模型僅從當地的相互作用，衍生出群體這個巨大的模式。可是，建立出來的群體不見得會維持下去。類似群體的模式會因為群體之間的衝突而不斷產生或消滅。讓程式執行一段時間，可以觀察到群體的模式生成與消滅。

群體會自我組織化，而且具有不穩定的動態性質，因此在遭受敵人攻擊時，可以立刻採取行動，所有個體都能隨機應變。

群體的反應似乎與周圍有何種群體有關，而不是該群體的個別性質。換句話說，群體是指群體集團中的各個群體，非個別群體的集合。因此我們可以說，各個群體是透過彼此影響來維持下去。

那麼，用什麼方式才能維持群體？

其中之一就是讓群體有目的。Boids 模型並非是有某個目的而產生行為的模型。可是，我們從生物的身上可以看到因為形成群體而產生「群體智慧（Swarm Intelligence）」或「集體智慧（collective intelligence）」。

例如，建立群體能放大螞蟻的合理判斷。有個實驗是，螞蟻在築巢時，會建立群體，並忽略假的場所，可以選出最佳巢穴位置 [27]。

Boids 模型沒有集體智慧的概念。群體的動態純粹只是運動力學的結果。

於是，在 Boids 模型中，導入「食物」這個「目的」，可以給予群體飛行方向的目標。

導入食物的程式如下所示。

範例程式的執行方法

範例程式位於 chap04 目錄中，請切換至儲存該檔案的目錄再執行。

```
$ cd chap04
$ python boids_prey.py
```

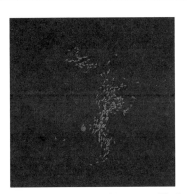

圖 4-4　導入食物後的 Boids 模型

圖 4-4 的橘點是新導入的「食物」。各個 Boids 以和食物的距離成反比的力量，往食物的方向作用。換句話說，距離愈遠，被食物吸引的力量愈弱，愈近就愈強。由於看不到太遠的食物，也就不用過於著急。

這與基本 Boids 模型的差別在於，朝向食物的新力量、定期更新食物位置的間隔時間常數，以及準備儲存食物位置的變數。

```
# 被食物吸引的力量及移動間隔
PREY_FORCE = 0.0005
PREY_MOVEMENT_STEP = 150
# 食物的位置
prey_x = np.random.rand(1, 3) * 2 - 1
```

另外，以下這個部分是把與食物的距離成反比，往食物方向的力量提供給各個 Boids。

```
# 加上食物的吸引力
v += PREY_FORCE * (prey_x - x) / np.linalg.norm((prey_x - x), axis=1,
keepdims=True)**2
```

np.linalg.norm((prey_x - x), axis=1, keepdims=True) 是利用 norm 函數，計算食物 (prey) 與各個 Boids 之間的距離。(prey_x - x) 是各個 Boids 到食物位置的向量，除以距離的二次方，可以求出往食物方向，與距離成反比的力量大小。

最後，定期隨機更新食物的位置，指示 Visualizer 顯示食物。

```
if t % PREY_MOVEMENT_STEP == 0:
    prey_x = np.random.rand(1, 3) * 2 - 1
    visualizer.set_markers(prey_x)
t += 1
```

若試著連續移動食物的位置，遠離 Boids，或許能看到有趣的行為，請挑戰看看。

這裡導入了食物，使得全部的 Boids 不會朝著相同方向移動，我們也可以思考另外設置障礙物，或在 Boids 的位置關係加入相互作用等各種情況。

4.3 突現與生命演化的過程

至此，我們檢視了使用 Boids 模型在本地相互作用、建立群體的突現現象。可是，Boids 模型的三種規則並非是突現後的演化結果，而是 Reynolds 給予的。

然而，生物的突現現象是演化的成果。在演化的過程中，產生突現的機制是什麼？到目前為止尚未說明。徹底探究引起突現的條件，會發現突現看起來就像生命本身。

那麼，如果只增加 Boids 的數量會如何？使用最近的電腦能力，可以讓一百隻 Boids 飛翔。

使用超級電腦，將 Boids 模型的個體數量提升至一千、一萬、十萬、五十萬，固定密度，進行模擬[28]，結果為圖 4-5。

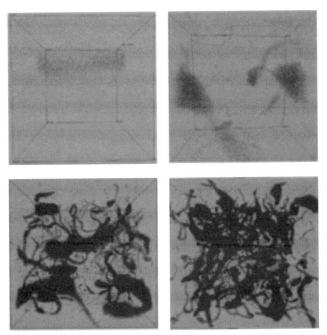

圖 4-5 巨大群體的 Boids 模型
引用自文獻 [28]

當個數超過數千之後，開始產生新的群體運動，出現了圓形塊狀的群體及像蛇一樣起伏的細窄群體，這些群體彼此相互作用，同時分布在空間中。注意群體中的個體動作，可以發現在小群體中看不到的動作。

小群體中的個體幾乎都是按照對齊相鄰對象的規則來筆直移動。但是在數量龐大的巨大群體中，個體是隨機飛舞。不過，上升到巨大群體表面的個體會增加速度，一起飛翔。這種運動的多元化與分化，只有放大個體數量才看得到。

個體數量增加之後，使得整個系統的執行彈性增加。一般認為，結果可能產生在小群體中看不到的複雜運動。

大量增加個體數量時，除了微觀作用會產生群體之外，也會衍生出群體改變微觀作用，巨觀現象引起微觀運動的新現象。可是，這裡的個體 Boids 是可以自行前進的一般粒子，內部結構空無一物，也沒有任何生物個體擁有的複雜化學流體及神經細胞網路。

於是，下一個要進行的是，在個體內部，置入人工神經細胞模型，使用演化演算法使其演化。這個實驗要觀察的是，最後是否演化出建構群體的運動（或 Reynolds 的三個規則有沒有出現）[29]。

在這個實驗中，把能不能抵達食物所在地，當作演化的適應函數（請參考第六章）。結果，因為建立群體，輕易抵達了食物所在地，讓建構群體的行為演化。

我們從這個模型看到了一個有趣的結果，在群體還未出現之前，個體的多元化很少，一旦產生了群體，就會衍生出多元性（圖 4-6）。這代表在跨越了建立群體這個適應度地形（fitness landscape）的難關後，就出現了平坦中性的平原。換句話說，因為適應度沒有差別，而一口氣增加了多元性。

可是，持續演化下去，群體的運動會變得一成不變（只筆直朝著食物前進）。這樣無法改變抵達食物所在地這個目的，產生新的目的，因此突現現象在建立群體後就結束，不再演化。不斷出現新的突現現象，稱作「多階段突現」，但是目前這種現象很難發生在沒有外在因素改變適應度地形的情況。

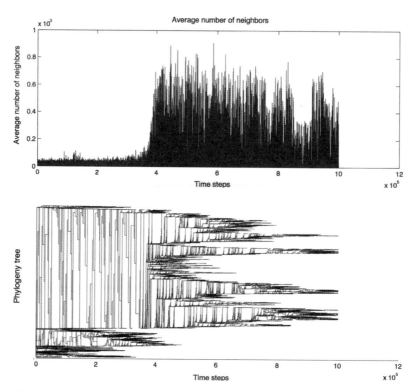

圖 4-6　具備人工神經細胞網路的 Boids 演化樹
引用自文獻 [29]

4.4 網路突現

理論生物學家及複雜系統研究者 Stuart Kauffman 提出進一步理解突現現象的「相鄰可能（adjacent possible）」理論，這個概念成為了生物演化的根源 [30]。

相鄰可能是指，距離實際存在的所有物體、事物（創意、技術、商品、分子、基因組等）一步之遙的區域。主要的概念是，創造新事物時，只有具備相鄰可能的部分具體化，然後再拓展新的相鄰區域。

科學作家 Stevens-Johnson 在《Where Good Ideas Come From:The Natural History of Innovation》中，針對相鄰可能提出以下說明 [31]。

> 相鄰可能就像未來的影子，不過是事物的現狀，或從現在開始可以改造的各種形式之地圖邊緣。（略）相鄰可能告訴我們，即使世界擁有隨時都可以產生巨大變化的力量，也只會在侷限的範圍內產生變化。（松浦俊輔譯）

換句話說，Kaufmann 認為新事物絕對不是隨機發生，而是具有往相鄰可能擴散的性質。因此「每次找到新組合時，可以在相鄰可能的區域召喚其他新的組合。」按照這種想法，相鄰可能可以當作演化過程的突現。

建立相鄰可能的是什麼？

其中一個定義是，Johnson 在 TED 大會「Where good ideas come from?」上陳述的「An idea is a network（創意是一種網路）」，相鄰可能可以視為是網路這個群體。

這是指成為群體而衍生出來的智慧嗎？

自然界有許多生物會採取集體行動。例如，蜜蜂及螞蟻等社會性昆蟲，就是代表之一。有生物因為形成群體而產生智慧，反之亦然。建立群體，產生突現現象的螞蟻，做出合理判斷，就是一個正面的例子。

可是，也有的例子是，螞蟻追逐彼此散發出來的荷爾蒙，形成大型漩渦，不斷前進，至死方休。這是因為形成群體，而出現不合理行為的例子。不論是蜜蜂或魚類，集體智慧有優點也有缺點。

到目前為止，從未以集體智慧的觀點來研究 Boids 模型，現在也還沒有因為建立群體而找到新的智慧或創造性。不過，我們已經發現了使用群體運動的粒子群最佳化演算法。

如果是人類會如何？人類是社會性動物。這種社會性會隨著各種創意而演化。近年來，群體因為網際網路的關係而持續更新。在網際網路上建立各種網站服務，並藉此建立新的社群。

為了找出以整合性的觀點瞭解從螞蟻、蜜蜂到網站服務的集體智慧，接下來將詳細調查以下的網站服務。

4.4.1 網站服務的集體智慧

使用網際網路上的網站服務，可以進一步探討集體產生的智慧，並將集體智慧定義成「產生新奇性的媒體」。

智慧除了記憶、知覺、學習之外，還有一個重要的元素，就是「產生新奇性」。新奇性是指，建立前所未有的模式或結構。我們試著分析如何用網站服務建立新奇性 [32]。

這次的分析對象是由 RoomClip（股）公司經營，名為「RoomClip」的室內裝潢照片社群網路服務。

使用者可以在房屋的室內裝潢照片中，設定幾個標籤，然後發布，還能對其他使用者發布的貼文「按讚」或「儲存成我的最愛」。

例如，在 RoomClip 把新發布的「標籤」定義為新奇性，觀察產生新標籤的情況。

新標籤的產生率從啟用服務之後，隨著時間逐漸減少。可是，檢視各個時間點的產生率，我們可以看到在服務開始的某個時間點，比例急速上升（圖 4-7）。一般認為，新標籤急遽增加的原因之一，是使用者的網路結構出現變化。

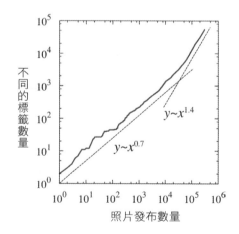

圖 4-7 針對照片發布量，不同標籤的數量演變
引用自文獻 [32]

於是，我們畫出使用者的網路並進一步分析。網路的畫法是，測量使用者之間的距離，如果距離相近，就用線連接。這裡把「使用者到某個時期為止使用的標籤集合是否類似」當作距離的定義。愈相似，距離愈近，亦即是相近的使用者。

由此可以看到，其中包含了「核心（core）」與「周邊（peripheral）」的結構。核心是由密集的相互作用建構出來的網路，周邊是以弱網路連接而成的部分。

調查各個區域的新標籤產生率，可以瞭解在與其他眾多使用者相連的區域（多次點擊），新標籤產生率比較高。

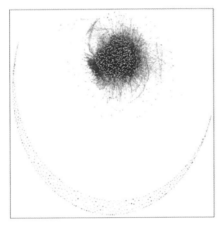

圖 4-8 顯示在使用者網路中的核心與周邊
引用自文獻 [32]

為什麼核心部分的新標籤產生率較高？根據這裡的分析解釋，我們可以說，當建立相似使用者的網路時，裡面具有產生集體創意的作用。這一點似乎與普通認知不同。一般認為，當形形色色的人聚在一起，可以激發出創意。但是這裡卻正好相反，一樣的人聚集在一起比較容易產生新創意。

這點可能與 Kaufmann 的相鄰可能理論有關。換句話說，我們可以想像到，隨著相似使用者的參與，讓使用者之間的網路結構具有核心與周邊部分，產生了幾個新標籤，或出現幾個「按讚」數量呈波狀增減的創新波浪。

4.4.2 建立突顯的機制

只要擴大範圍，Boids 模型就會產生新的群體結構。網站服務會隨著網路功能增加，而開始不斷創造出新的「擷取方法」（標籤）。我認為一群人也擁有集體智慧的創造力，因此當集體規模變大，就會產生創新種子，這一點十分值得關注。

例如，每個構成多細胞生物個體的細胞沒有智慧，但是成為多細胞生物的個體，卻顯示出不同於低階細胞的學習能力及知覺。或者我們可以說，由於出現了比單細胞階段的細胞內部化學反應更複雜的行為，所以從化學狀態轉變成生命狀態就是「突現」。

這種轉變是突現，和物理化學常討論的自我組織化及相變（Phase Change）現象不同的是，這裡產生的結構及模式不是最終的生成物，而是為了建立後續生成物的階段。這就是 Kaufmann 及 Johnson 等人探討的，由某個階段產生下個階段，新事物是以上一個新事物為基礎而製造出來的相鄰可能理論。

然而，這不是指在新生兒的系譜中有某種遺傳。重點在於，要像「架梯子」般產生模式。

換句話說，要以新事物為基礎，創造出下一個新事物，而不是建立與過去完全無關的新事物，因此才要移走使用過的梯子。集體創造的事物，會成為創造下一個新事物的基礎，就這個意義而言，創造出新奇性的性質是蘊藏在「集體性」裡，而非內含於獨立的個體性質中。

因此，要創造出突現現象，可能需要一定程度以上的巨大、複雜網路，這樣比較容易產生演化後的結果。至少在網路服務上，可以觀察到這種現象。

網際網路上的現象是生物持續演化後，出現第二個突現現象的例子，也是理解突現現象機制的重要實驗平台。

參考文獻

[25] Reynolds, Craig W., Flocks, herds, and schools: A distributed behavioral model, Proceedings of the 14th Annual Conference on Computer Graphics and Interactive Techniques (SIGGRAPH'87), 1987.

[26] Collective Memory and Spatial Sorting in Animal Groups, J. theor. Biol., vol.218, p.1-11, 2002.

[27] Sasaki T, Pratt SC. 2001 Emergence of group rationality from irrational individuals. Behav., Ecol., vol.22, p.276-281. (doi:10.1093/beheco/arq198)

[28] Takashi Ikegami; Yoh-ichi Mototake; Shintaro Kobori; Mizuki Oka; Yasuhiro Hashimoto, Life as an emergent phenomenon: studies from a large-scale boid simulation and web data, Phil.Roy.Soc., vol.375, p.1-15, 2017.

[29] Olaf Witkowski, Takashi Ikegami, Emergence of Swarming Behavior:Foraging Agents Evolve Collective Motion Based on Signaling, PLoS ONE, vol.11, no.4, 2016, e0152756.

[30] Kauffman, Stuart., At Home in the Universe : the search for laws of selforganization and complexity, Oxford University Press, 1995.

[31] Johnson, S., Where good ideas come from: the natural history of innovation, Riverhead Books, New York, 2010.

[32] Takashi Ikegami; Yoh-ichi Mototake; Shintaro Kobori; Mizuki Oka, Yasuhiro Hashimoto, Life as an emergent phenomenon: studies from a large-scale boid simulation and webdata, Phil.Roy.Soc., vol.375, p.1-15, 2017.

第五章
獲得具身化

在 Descartes 提出「二元論唯心主義」（身體機械說）之後，近代科學就把大腦與身體分開討論，但是二十世紀科學發展的最後，瞭解到智慧與具身化是無法分離的。

在這個世界裡，無具身化的生命個體並不存在，但是目前也尚未模擬出和實際生命個體一樣，能存活於世界上的具身化，或是機器人等人工系統。如果要在真實世界創造具有生命行為的 ALife，而不是只有在電腦上模擬，就得面對具身化的問題。

本章將介紹由 Brooks 提出、讓機器人的身體出現跳躍式發展的包容式架構（Subsumption Architecture），一邊模擬，一邊說明，並探討身體與大腦共同演化的主題。

5.1 包容式架構

在 ALife 的研究歷史中，做出偉大貢獻的研究學者之一，就是 MIT 名譽教授、機器人工學學者、世界級機器人公司 iRobot 及 Rethink Robotics 的創立者 Rodney Brooks。

Brooks 研究的機器人以擁有完全自主性的人工生命體為目標，這一點和 ALife 研究的目標一致。事實上，在 ALife 研究最興盛的 1980～90 年代，Brooks 是 ALife 社群的核心人物之一。Brooks 在這個時期想出了「包容式架構（subsumption architecture）」，iRobot 公司的掃地機器人 Roomba 也採用了這個架構[33]。

Brooks 在這篇論文中，嚴厲批判了過去的人工智慧研究。為了打破過去人工智慧世界的主流「問題解決架構」無法做出動態機器人的情況，最後提出了替代機器人動作的包容式架構。

5.1.1 獨輪車

Brooks 提出的包容式架構,其核心概念是——「表現」與「認知」只存在觀察者的心裡(內部狀態)。

這種想法除了 Brooks 之外,Valentino Braitenberg 在《Vehicles: Experiments in Synthetic Psychology》(1984 年)[34] 中,也曾扼要提及。

以下要介紹 Braitenberg 利用感測器、馬達、電線製作的簡單機制,進行動態機器人的實驗。在這個實驗裡,逐漸增加元件之後,機器人看起來會積極地移動,或產生像膽小鬼一樣的行為。

這個模型稱作「Braitenberg's Vehicle」,使用簡單的程式,就可以執行。當然,這些充其量只是人類這個觀察者,對機器人的所有行為類型可以做出的推測。

讓我們一邊執行 Braitenberg's Vehicle 的程式碼,一邊說明架構。

範例程式的執行方法

範例程式位於 chap05 目錄中,請切換至儲存該檔案的目錄再執行。

```
$ cd chap05
$ python braitenberg_vehicle.py
```

執行這個程式後,擁有兩個距離感測器及兩個車輪的藍色代理人會一邊避開灰色障礙物,一邊移動。

代理人產生的線條就是距離感測器的範圍。原始的 Braitenberg's Vehicle 是利用光感測器,表現喜愛／討厭明亮位置的行為。但是本範例程式改使用可以取得與周遭物體距離的距離感測器,產生避開障礙物／貼牆的行為。

這個代理人沒有複雜的電路,也沒有內部狀態,只是利用兩個距離感測器輸入的數值,改變左右車輪的速度,往右轉或往左轉,就能避開障礙物。

接下來,讓我們來檢視內部。

```
# simulator 初始化(參考附錄)
simulator = VehicleSimulator(control_func, obstacle_num=5)

while simulator:
```

```
# 取得目前感測器的資料
sensor_data = simulator.get_sensor_data()
# Braitenberg's Vehicle 的內部
left_wheel_speed  = 20 + 20 * sensor_data["left_distance"]
right_wheel_speed = 20 + 20 * sensor_data["right_distance"]
# 產生動作並更新
action = [left_wheel_speed, right_wheel_speed]
simulator.update(action)
```

首先，即使像 Braitenberg's Vehicle 這麼簡單的機器人，要進入現實世界，也必須模擬機器人的車輪動作、摩擦、與障礙物的衝突等。可是，介紹 Braitenberg's Vehicle 的結構時，基本上不需要說明這些物理模擬，因此本範例程式將這些物理模擬整合成 VehicleSimulator 類別（詳細說明請參考附錄）。

Braitenberg's Vehicle 的「內部」利用 while 語法，取得感測器的數值與決定車輪速度。

首先，VehicleSimulator 類別的 get_sensor_data() 方法會回傳目前的感測器數值。具體而言是利用以下的 Python 字典格式，回傳各個距離感測器的數值。

```
{
    "left_distance": left_distance_sensor_value
    "right_distance": right_distance_sensor_value
}
```

如果在一定的範圍內，沒有任何東西，距離感測器回傳 0，若有東西存在，距離愈近，就回傳愈趨近 1 的數值。以下這個部分是使用距離感測器的回傳值來決定車輪速度。

```
left_wheel_speed = 20 + 20 * sensor_data[ "left_distance" ]
right_wheel_speed = 20 + 20 * sensor_data[ "right_distance" ]
```

右側距離感測器的數值與右車輪有關，左側距離感測器的數值與左車輪有關。

讓感測器的輸入值與車輪動作連動，利用這種單純的結構，可以產生避開障礙物的舉動。讓我們思考一下，當右側距離感測器感測到障礙物的情況，如圖 5-1 所示。

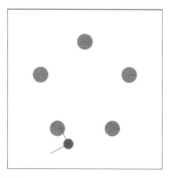

圖 5-1 Braitenberg's Vehicle
（右邊的距離感測器碰到障礙物）

如上述所示，距離感測器愈接近障礙物，數值愈大。這個例子的右側距離感測器數值比左側距離感測器還大。

兩邊車輪的速度（wheel_speed）與距離成正比，以算式（20+20*sensor_data）計算出數值，因此感測器的數值愈大，車輪的速度愈快。結果，右車輪的速度（right_wheel_speed）比左車輪的速度（left_wheel_speed）快，使得代理人往左彎。

換句話說，右側距離感測器碰到障礙物，會往左轉，左側距離感測器碰到障礙物會往右轉，做出類似討厭牆壁或狹窄地方的行為。Braitenberg 提出的概念就像這樣，沒有電路或內部狀態，卻能產生像擁有意識般的動作。

5.1.2 Brooks 的平行方法

緊接在 Braitenberg's Vehicle 之後，Brooks 發表了包容式架構。在此之前，主流想法是把複雜問題分割成多層再解決。

假設要製作從某個地點移動到另外一個地點的機器人，從「知覺（perception）」到「行動（action）」，必須利用 vision 層辨識影像及影片，在 map 層製作房間地圖，使用 detect 層偵測障礙物，運用路徑層決定路徑，然後移動，以「串聯」方式設計行動。一般認為，如果能提高各層的模組準確度，製作出完美的結果，就能移動整個機器人。

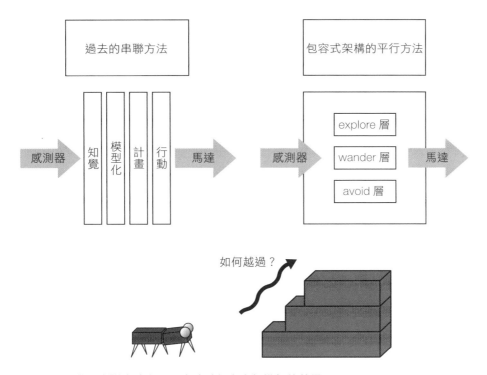

圖 5-2 原本的串聯方法與平行方法（包容式架構）的差異
參考谷口忠大「人工智慧概論 15」（https://www.slideshare.net/tadahirotaniguchi0624/15-46861789）

可是，即使像這樣個別建立串聯，也不曉得是否可以確實移動整個機器人。事實上，這種方法無法讓機器人執行避開障礙物、從某個地點移動到另一個地點的任務。於是，Brooks 想出來的方法是：將各個模組平行化，同時讓各層分別擁有「知覺」與「行動」（圖 5-2）。

Brooks 想到把「演化」變成類推，建立發揮最低限度功能的各層，在上面重疊多層，就能製作出動作複雜的機器人。執行之後，創造出世界上首度能避開障礙物、抵達目的地並丟棄空罐的機器人 Herbert（圖 5-3），證明了他的主張是正確的 [35]。

使用「avoid 層」、「wander 層」、「explore 層」等三個階層，可以構成簡單的包容式架構。

最基本的模組 avoid 層是只會滿足「避開衝突」的模組。這個模組可以與其他模組分開，獨立運作。

第二層 wander 層機器人會產生「隨機四處移動」的動作。這個動作「包含（subsume）」避免與下層產生衝突，並視狀況控制其作用。一般避開衝突的動作會作動，但是在持續什麼都沒有的狀態，下層的 avoid 層會受到抑制，開始隨機四處移動。

第三層 explore 層執行「往目的地」的動作。例如建立模組，偵測紅外線感測器，把感測器開啟／關閉的訊息傳遞給其他模組，就可以執行朝著紅外線方向移動的目的。

一般 avoid 層及 wander 層會正常運作，但是當需要偵測紅外線的 explore 層時，同樣會抑制下層，讓 explore 層作動。

圖 5-3 收集汽水罐的 Herbert 機器人

「cyberneticzoo.com」（ 引 用 自 http://cyberneticzoo.com/ cyberneticanimals/1986c-herbert-the-collectionmachine-brooks-connell-ning-american/）（Herbert 的名稱是來自人工智慧的先驅者 Herbert Simon）

機器人具備了這種以階層建構的「大腦」，各個階層執行比下層更複雜的功能。較高階層利用控制輸出的方式，可以包含較低階的功能。同時，下層被包含到上層後，仍會繼續發揮作用。

這個方法稱作「包含構造」，原始階層處理基本功能（例如呼吸），高等階層負責處理比較複雜的功能（例如抽象思考），作用和我們的大腦幾乎一模一樣。

Brooks 的計畫是，在現有的操作階層中，增加新階層，可以階段性建構出機器人的動作，讓機器人演化。另外，即使特定動作受損，由於各層可以獨立運作，因此也能發揮一定的功能。

Brooks 根據包容式架構的概念，製作出來的代表作品稱作「Genghis」，這個機器人目前收藏在 Smithsonian 博物館（圖 5-4）[36]。

Genghis 有六隻腳，動作就像真的昆蟲一樣。Brooks 在電視上看到昆蟲行走的模樣，發現昆蟲在不平坦的場所經常踩空跌倒。過去研究學者們全都認為，步行機器人必須隨時保持平衡，但是 Brooks 覺得何不讓機器人跌倒？或和真實的昆蟲一樣，與地面奮戰般移動，而不是平穩的行走，因此發明了 Genghis。

圖 5-4　Genghis

5.1.3　疊層模擬

此外，Brooks 的包容式架構是由「有限自動機（finite automata）」的有限個狀態及其之間的遷移建構而成。

有限自動機是以執行基本動作的單純模組建構而成，可以執行平行處理。同時，這也意味著，與過去需要多種處理能力的機器人相比，能以非常便宜的成本完成。

Brooks 的設計概念跳脫了一般常識的框架，也大量運用在 Roomba 掃地機器人的設計上。在 Roomba 出現之前，掃地機器人是以避免碰撞到牆壁或障礙物為前提製作而成。Roomba 卻顛覆了這種想法，改以碰撞為前提。

Roomba 有保險桿，利用物理性碰撞、碰撞後的模式，推測該障礙物為何。順其自然地碰撞，一邊掌握整個房屋的狀態，一邊建立能徹底打掃整個環境的地圖。因此，設計出即使碰撞也不會破壞家具，Roomba 本身也不會被撞壞的硬體。

接下來，我們將進行模擬，進一步理解包容式架構，並檢視重疊 avoid 層、wander 層、explore 層時的動作。

範例程式的執行方法

範例程式位於 chap05 目錄中，請切換至儲存該檔案的目錄再執行。

```
$ cd chap05
$ python subsumption.py
```

● avoid 層

首先是只有 avoid 層的動作部分。

請先確認程式碼最後的變數是否如下所示再執行。

```
#####################
# change architecture
#####################
controller = AvoidModule()
#controller = WanderModule()
#controller = ChaosWanderModule() # 在 wander 模組的內部置入混沌
#controller = ExploreModule()
```

紅色代理人有兩個距離感測器，灰色物體是障礙物。代理人沒有碰到障礙物時，會執行直線動作。當代理人的距離感測器碰到障礙物，會出現「迴避（avoid）」動作。這個機制與 Braitenberg's Vehicle 相同。

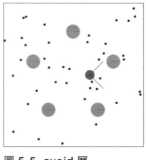

圖 5-5 avoid 層

● 增加 wander 層

接著在 avoid 層疊加 wander 層。

請按照下列所示，更新程式碼再執行。

```
#####################
# change architecture
#####################
#controller = AvoidModule()
controller = WanderModule()
```

```
#controller = ChaosWanderModule() # 在 wander 模組的內部置入混沌
#controller = ExploreModule()
```

假設行走一段時間，都沒有碰撞到障礙物，由於到目前為止只有 avoid 層作動，所以直線移動的代理人會啟動 wander 層，開始「四處走動（wander）」。wander 層啟動時，代理人的顏色由紅轉綠。當距離感測器碰到障礙物時，啟動 avoid 層，能確實避開障礙物。

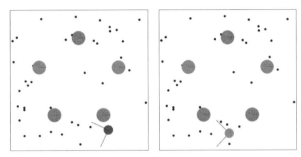

圖 5-6　左）只有 avoid 層，右）avoid 層 + wander 層

請檢視 wander 層的程式碼。

```
class WanderModule(SubsumptionModule):
    TURN_START_STEP = 100
    TURN_END_STEP = 180
    def on_init(self):
        self.counter = 0
        self.add_child_module('avoid', AvoidModule())

    def on_update(self):
        if self.get_input("right_distance") < 0.001 and self.get_input("left_
distance") < 0.001:
            self.counter = (self.counter + 1) % self.TURN_END_STEP
        else:
            self.counter = 0

        if self.counter < self.TURN_START_STEP:
            # counter 在到達 TURN_START_STEP 之前，不抑制下層的模組
            self.set_output("left_wheel_speed",  self.child_modules['avoid'].get_
output("left_wheel_speed"))
            self.set_output("right_wheel_speed", self.child_modules['avoid'].get_
```

```
            output("right_wheel_speed"))
            self.set_active_module_name(self.child_modules['avoid'].get_active_module_
name())
        elif self.counter == self.TURN_START_STEP:
            # 隨機決定左轉或右轉，並設定車輪的速度
            if np.random.rand() < 0.5:
                self.set_output("left_wheel_speed",  15)
                self.set_output("right_wheel_speed", 10)
            else:
                self.set_output("left_wheel_speed",  10)
                self.set_output("right_wheel_speed", 15)
            self.set_active_module_name(self.__class__.__name__)
        else:
            # 保持車輪的速度，直到重置 counter 為止
            pass
```

wander 層含有計算步數的計數器（counder）。利用初始函數（函數 on_init）將 counter 歸零，同時把 avoid 模組（AvoidModule）設定成子模組。

計數器會儲存沒有碰到障礙物時的步數。剛開始是利用 avoid 層來移動，所以只會直線行走，碰到障礙物時，會避開障礙物。

假設一段時間（TURN_START_STEP）沒有碰到障礙物，就會啟動 wander 層，並在一定時間（TURN_START_STEP 到 TURN_END_STEP）隨機右轉或左轉。換句話說，這段時間 avoid 層會受到抑制。但是，在轉動的過程中碰到障礙物，也會直接啟動 avoid 層，避開障礙物。

利用臨界值 0.001 判斷左右兩邊的距離感測器是否碰撞到障礙物。沒有碰撞到障礙物時，counter 逐一計次，碰到障礙物後就歸零。此外，旋轉完畢，counter 達到 TURN_END_STEP 時，也會歸零，恢復到原始狀態。

counter 的數值小於 100（TURN_START_STEP）的期間，avoid 層的左右車輪速度設定為整體的左右車輪速度。此時 wander 層只計數，外部不做任何動作。當 counter 的數值剛好為 100 時，以 1/2 的機率決定右轉或左轉，並配合將左右的車輪速度分別更換成 20 或 30。

之後，碰到障礙物，counter 變成 0，或 counter 在達到 180（TURN_END_STEP）後歸零之前，車輪速度不變，因此會維持旋轉。此時，將忽略下層 avoid 層的輸出，藉此抑制下層的模組。

● 啟動 explore 層

接下來試著啟動 explore 層。

請將程式碼改寫如下再執行。

```
#####################
# change architecture
#####################
#controller = AvoidModule()
#controller = WanderModule()
#controller = ChaosWanderModule() # 在 wander 模組的內部置入混沌
controller = ExploreModule()
```

食物（黑點）散布在空間中，以食物為目標，執行收集食物的任務。在一定時間內，代理人碰到食物時，食物就會「被吃掉」而消失。可是，如果只有 wander 層進行作動，代理人會忽略食物，直接通過，不會花時間吃掉食物。光降低代理人的速度，無法有效率地找出空間中的食物。因此，另外增加最上層的 explore 層，並連接偵測食物的感測器。explore 層啟動時，代理人的顏色變成藍色，開始四處移動（wander）。當食物碰到身體時，會啟動 explore 層，代理人的顏色變成藍色。

碰到食物時，以 explore 層為優先，但是沒有碰到食物時，會啟動 avoid 層、wander 層，四處行走，過程中若距離感測器碰到障礙物，也會和過去一樣，避開障礙物。

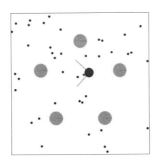

圖 5-7 avoid 層 + wander 層 + explore 層

讓我們看一下 explore 層的程式碼。

在 explore 層，增加偵測食物的新感測器 'feed_touching'。feed_touching 感測器偵測到食物，會回傳 True，如果沒有，就回傳 False。

```python
class ExploreModule(SubsumptionModule):
    def on_init(self):
        self.add_child_module('wander', WanderModule())

    def on_update(self):
        if self.get_input('feed_touching'):
            # 由於偵測到食物，所以抑制下層模組，降低速度
            self.set_output("left_wheel_speed",  0)
            self.set_output("right_wheel_speed", 0)
        else:
            # 沒有食物時，不抑制下層模組，直接輸出
            self.set_output("left_wheel_speed", self.child_modules['wander'].get_
output("left_wheel_speed"))
            self.set_output("right_wheel_speed", self.child_modules['wander'].get_
output("right_wheel_speed"))
```

利用初始函數（on_init 函數）在子模組裡，設定 wander 模組（WanderModule）。使用更新函數（on_update），當食物感測器（feed_touching）偵測到食物時，就會把左右車輪的速度變成0，停止動作，取得食物。這段期間，下層的模組會被抑制。沒有食物時，explore 層不會作動，子模組 wander 模組會直接傳遞車輪速度，當作輸出。

● 改良 wander 模組

這種包容式架構可以階段性建構代理人的動作。由於代理人的各個模組獨立運作，因此能輕易調整某個模組。

例如，上述程式有時會卡在邊角，無法脫身而動彈不得。為了盡量避免代理人卡在邊角，我們試著改良 wander 模組，讓代理人在沒有碰到障礙物時，除了旋轉，還會一邊產生混沌擺動，一邊四處移動。

```python
from t3 import T3

class ChaosWanderModule(SubsumptionModule):
    def on_init(self):
        self.add_child_module('avoid', AvoidModule())
        self.t3 = T3(omega0 = 0.9, omega1 = 0.3, epsilon = 0.1)
        self.t3.set_parameters(omega0 = np.random.rand())
        self.t3.set_parameters(omega1 = np.random.rand())
```

```python
    def on_update(self):
        x, y = self.t3.next()  # update chaos dynamics
      if self.get_input("right_distance") < 0.001 and self.get_input("left_distance") <
0.001:
            # 距離感測器沒有碰到障礙物時，利用混沌四處走動
            self.set_output("left_wheel_speed",  left_wheel_speed)
            self.set_output("right_wheel_speed", right_wheel_speed)
        else:
            # 距離感測器偵測到障礙物後，用 avoid 層避開，同時更改混沌參數，取得其他動作
            self.set_output("left_wheel_speed",  self.child_modules['avoid'].get_
output("left_wheel_speed"))
             self.set_output("right_wheel_speed", self.child_modules['avoid'].get_
output("right_wheel_speed"))
            self.t3.set_parameters(omega0 = np.random.rand())
            self.t3.set_parameters(omega1 = np.random.rand())
```

這裡使用產生混沌用的 T3 類別（程式碼位於 chap05/t3.py），更新左右車輪的速度。代理人沒有碰到障礙物時，會一邊晃動，一邊前進。

接下來要啟動 ChaosWanderModule 層。請更改程式碼後再執行，如下所示。

```python
#####################
# change architecture
#####################
#controller = AvoidModule()
#controller = WanderModule()
controller = ChaosWanderModule() # 在 wander 模組的內部置入混沌
#controller = ExploreModule()
```

若想在 explore 層使用 ChaosWander 模組，只要如下所示，利用初始函數，在子模組增加 ChaosWanderModule()，就可以使用這個模組。

```python
class ExploreModule(SubsumptionModule):
    def on_init(self):
        self.add_child_module('wander', ChaosWanderModule())
```

就算使用 ChaosWanderModule 層，代理人仍會出現卡在邊角的情況。請一邊進行各種嘗試，一邊執行，試著找出不會卡在邊角的參數設定。

5.1.4 身體的物理特性

這次使用包容式架構顯示的範例是只有 avoid 層、wander 層、explore 層，階層單純的架構，但是包容式架構也可能是非階層式架構。Brooks 的代表作品 Genghis 是用更複雜的結構製作而成。設計圖發表於 Brooks 的論文《A Robot that Walks; Emergent Behaviors from a Carefully Evolved Network》（1989 年）[37]。

Brooks 與 Braitenberg 假設知覺不會透過表現，而是直接與動物或人類的行為相關。過去人工智慧的主流是抽象的高階推論，但是他們卻把重點擺在身體與低階機制上。因為他們是以身體與神經元的物理特性如何連接的觀點來看世界，而不是透過符號與步驟過程。

Brooks 的想法受到研究學者們的嚴厲批判，可是後來他成立了 iRobot 公司，現在已經是世界頂尖的機器人公司。

此外，Brooks 在 1997 年也參與了火星探測車「旅居者號（Sojourner）」的設計。聽說當時他曾向 NASA 提出將「高速、便宜、不能控制的機器人群」送到火星的計畫。結果雖然沒有付諸實行，卻也從這段軼事中窺見 Brooks 的個性是想做其他人想不到的事情。

Brooks 提出以「無表徵智慧論」為基礎的機器人，另一方面也持續研發更高維度的「符號表徵（symbolic representation）」。有段時間被遺忘的技術——類神經網路後來改名為「深度學習（deep learning）」重新復活，凌駕了過去電腦視覺的辨識方法。

機器人可以看見影像，取出符號式表徵，或建立世界地圖。另外，有著更多 CPU 與幾個新技術的傳統人工智慧，逐漸可以執行複雜的任務。

iRobot 公司順應這項發展，在 2015 年發表了內建攝影機的 Roomba 掃地機器人。機器人開發平台也在 2006 年於矽谷設立機器人公司 Willow Garage，開發出成為業界標準的開放原始碼——機器人軟體框架「ROS（Robot Operating System）」。Brooks 的新公司 Rethink Robotics 所開發的機器人就是在 ROS 上執行。

以深度學習為基礎的人工智慧新趨勢尚未能達到通用智慧的目標，僅在高度專業化的任務中展現能力。

在機器人比賽「DARPA 挑戰」中，出現了運用 ROS 框架的人形機器人，採用的結構是即時計算各個關節及馬達的位置再執行動作。不過，這些機器人的動作都不自然，或許是因為 CPU 的運算及策略有極限的緣故。

5.2　具身認知

5.2.1　身體與大腦的共同演化

對照智慧只存在大腦內的傳統看法,「具身認知(embodied cognition)」提倡的是結合身體與大腦兩者,產生複雜的行為。

在 ALife 研究中,具身認知主要運用在「演化式機器人」領域。就某種意義而言,可以說是延續 Brooks 的分析,持續研究受生物學影響的機器人領域。

1994 年 Karl Sims 率先針對這項概念進行研究。Sims 在論文《Evolving Virtual Creatures》(演化中的虛擬生物)中,試著透過運算方式模擬演化,創造出類似自然界生物的型態(morphology)[38]。

這是第一個印證身體並非大腦與環境之間的介面,而是大腦與身體共同演化的研究。Sims 使用「遺傳演算法(Genetic Algorithm, GA)」,讓身體與控制身體的神經元迴路(大腦)自動演化。關於遺傳演算法,將在第六章「個體行為的演化」詳細說明。

在 Sims 提出「演化中的虛擬生物」之後,也出現了各式各樣的研究。可是,利用身體與大腦共同演化的方法,並未產生超越 Sims 研究的虛擬生物。即使運算效能在這二十年內,有了突飛猛進的發展。

無法順利達到目標的原因是什麼?是不是出在尋找最佳參數的演算法中?還是基因的編碼方法?或是讓身體與大腦共同演化的必要環境及任務的複雜度不足?學者們進行了各式各樣的討論。

最後提出固定身體或大腦其中一項,讓單方面演化的方法,可能可以演化出自然步行的結果[39]。

為什麼身體與大腦無法順利共同演化?因為身體與大腦已經演化成彼此互補了吧?有團隊提出這樣的假說。如果是這樣,代表只有透過身體與大腦的互補變化才能演化。

和 Sims 提出的演化演算法一樣,現在主要的演化演算法是利用一個基因編碼,讓身體與大腦兩者演化。這種演算法無法使身體與大腦互補地進行演化。

因此,後來進行了一項測試,不讓身體與大腦同時演化,而是身體演化之後,再單獨讓大腦(這裡是指移動身體的行為)演化,不加上身體的變化。實際上這就是讓身體具備「年齡」的概念,以較少的演化世代,就能達成目的的個體為優先,提供新的身體,保護尚未獲得能充分利用控制器(大腦)的個體。

最後顯示出可以避免陷入局部最佳解答的陷阱，同時能利用各種初始設定，達成任務的演化結果。究竟哪種演化演算法能讓身體與大腦共同演化？這就要期待今後 ALife 的研究成果了。

5.2.2 軟性機器人

演化機器人還有一個主題是「材質」。Sims 模擬的是，由圓柱體及立方體等「堅固」（剛性）材質構成的虛擬生物。

然而觀察生物界的動物，嵌入體內的控制系統卻是透過軟性物質，藉由神經與力量之間複雜且連續的相互作用產生動作。動物的大腦通常是獨立的模組，但是有些生物的中樞神經與週邊神經卻遍布全身，章魚就是這種極端的例子之一，章魚有 90% 的神經位於中樞神經的外側。

哥倫比亞大學 Hod Lipson 的研究團隊把這種稱作「具身神經」的概念導入演化機器人中，因而受到矚目。他們利用模擬方式，創造出以物理性方式讓全身遍布神經迴路，在體內嵌入控制系統的生物 [40]。

這裡的關鍵就是軟性機器人。與 Sims 使用的圓柱體及立方體等堅固材質形成對比，軟性機器人使用的是柔軟素材或能伸縮的材料，可以變形或吸收衝突時產生的大部分能量。

用軟性材質進行模擬的缺點是，計算成本高，還有多數基因編碼無法擴大，形成龐大的參數空間。不過，隨著計算效能提升，再加上 Ken Stanley 提出的「CPPN-NEAT」遺傳演算法，目前已能順利利用軟性材質進行模擬。由於計算效能提高、演算法及軟性材質的出現，可以期待今後將會出現超越 Sims 的虛擬生物。

事實上，Hod Lipson 的團隊除了進行模擬，也實際投入開發軟性機器人的工作，2017 年 9 月他們發表了僅利用通電方式就能自由伸縮的人工肌肉 [41]。通電之後，最大可以發揮人類肌肉十五倍的力量，在製造業及醫療領域的運用，非常值得期待。

另外，2016 年 8 月哈佛大學的研究人員提出，不用從旁提供能量，可以完全自主移動的軟性機器人「Octobot」[42]。Octobot 是不含控制用電路等硬體、章魚型的軟性機器人。

Octobot 沒有骨頭，各個部位也都是用軟性材料製作而成，燃料槽及傳導動力的電路皆用 3D 列印打造。使用內部的少量液態燃料（過氧化氫），以白金當作觸媒，把化學反應產生的大量氣體變成動力。傳導動力的電路是利用可以控制微小流體的微流體網路，將氣體傳送到 Octobot 的腳部，八隻爪會像氣球一樣鼓起，產生氣動式動作。

Brooks 利用把「演化」當作類推的包容式架構，建立達成最低功能的階層，接著在上面疊加其他層，製作出動作複雜的機器人。之後透過研究，還有搜尋演算法、基因編碼等遺傳演算法的發展，以及軟性材料的出現，成功拓展了演化所產生的多元化世界。

下一章將詳細介紹在 ALife 研究中，最重要的主題——演化。

參考文獻

[33] Brooks, R. A., A Robust Layered Control System for a Mobile Robot, IEEE Journal of Robotics and Automation, vol.2, no.1, p.14-23, March 1986.

[34] Braitenberg, V., Vehicles: Experiments in synthetic psychology, MIT Press, Cambridge, 1984.

[35] Brooks, R. A. ; Connell, J. H.; Ning, P., Herbert, A second generation mobile robot, MIT AI Memo 1016, January 1988.

[36] Brooks, R. A., New Approaches to Robotics, Science, September 1991, no.253, p.1227-1232.

[37] Brooks, R. A., A Robot that Walks; Emergent Behavior from a Carefully Evolved Network, Neural Computation, 1:2, Summer 1989, p.253-262. Also in IEEE International Conference on Robotics and Automation, Scottsdale, AZ, p.292-296, May 1989.

[38] Sims, K., Evolving Virtual Creatures, Computer Graphics (Siggraph '94 Proceedings), p.15-22, July 1994.

[39] Cully, A., Clune, J., Tarapore, D. and Mouret, J.-B., Robotsthatcanadapt like animals, Nature, vol.521, no.7553, p.503-507, 2015.

[40] Nick Cheney, Robert MacCurdy, Jeff Clune, and Hod Lipson. 2013. Unshackling evolution: evolving soft robots with multiple materials and a powerful generative encoding. In Proceedings of the 15th annual conference on Genetic and evolutionary computation (GECCO '13), p.167-174, 2013.

[41] Miriyev, A.; Stack, K.; Lipson, H., Soft material for soft actuators, Nature communications, vol.8, no.596, 2017, doi:10.1038/s41467-017-00685-3.

[42] Wehner, Michael.; Truby, Ryan L.; Fitzgerald, Daniel J.; Mosadegh, Bobak.; Whitesides, George M.; Lewis, Jennifer A. & Wood, Robert J., An integrated design and fabrication strategy for entirely soft, autonomous robots, Nature, vol.536, p.451-455, 25 August 2016.

第六章
個體行為的演化

ALife 研究關注的重點是，生物如何產生演化？人工要怎麼做才會產生演化。演化的研究已經從自然學家、生物學家，交棒給分子生物學家、化學家，最後由物理學家、電腦科學家負責，發展十分迅速。利用試管重現細胞內部的化學反應，用來進行演化實驗的研究，揭開了 ALife 從模擬、機器人學，進入生命領域的序幕。

本章將先回顧 ALife 對演化的探討，接著加入 John Holland 的遺傳演算法，觀察具有類神經網路的代理人行為，藉此加深對演化及群體演化的理解。

6.1 演化與自我複製

生命是會演化的系統。本節將介紹自然界中的演化現象，並說明如何將其移植到電腦中的人工世界。

首先，演化的前提是，必須假定演化主體及自我複製的群體。因為當個體突變並複製，然後擴及到群體內才會產生演化。例如，某個大腸桿菌自我複製，後來出現了不同特質的大腸桿菌。假設該特質有著利於生存的特徵，就會在群體中傳播。促使這種新特質出現及傳播的原因究竟是什麼？

首度證明自我複製理論存在的人是 von Neumann。自我複製是自己產生自己，包括細胞在內，一般生物個體都會自我複製。可是，理論上是否能進行自我複製，我們很難證明這一點。於是 von Neumann 把自我複製的本體加密成磁帶，再將磁帶解密，進行自我複製，成功在細胞自動機上執行了這個方法。

第三章介紹過的細胞自動機顯示出，理論上可以使用細胞的狀態進行自我複製。這個模型發展出後來的 Langton「LOOP」模型及佐山弘樹的「Evoloop」模型 [43][44]。另外，Roger Penrose 使用木製玩具模型，證明在現實世界中，自我複製是可行的 [45]。他使用形狀特殊的彈簧，組合出自我複製的單元，由於環境中具有雜訊，因此可能產生自我複製。就某種意義而言，這個想法與 Neumann 的自我複製模型恰好相反。模擬化學現象最知名的是 Gray-Scott 模型，內容如第二、三章所示。

可是，在上述的模型中沒有演化，這就是重點。演化是指，自我複製不穩定，出現與原本不同的自我複製。沒有出錯，複製出相同的結果，永遠不會開始演化。

假設基因是位元串，位元的數值因為某個原因而顛倒，我們把這種現象稱作「突變」。即使顛倒的不是位元也沒關係，在讀取基因資料或製造身體時，甚至是在發生過程產生變異都可以。

無論如何，我們可以把演化過程當作是自我複製的不穩定現象。

6.1.1 適應度地形與演化

接著要介紹「適應度地形」。個體的適應度是用個體的自我複製程度來測量。

演化持續朝著快速且高精準度的自我複製方向發展。可是，在現實世界裡，存在著各式各樣的生物個體及自我複製系統。這種多元化是如何產生的？

適應度地形是用高低起伏的山脈高度來顯示個體的適應度（圖 6-1）。適應度高的個體，數量增加，適應度低的個體，數量減少。適應度地形高的個體，愈容易複製。如果有各式各樣的山頂，就代表有大量自我複製的個體類型。可是，實際上適應度地形只能事後定義。數量較多的種類，適應度愈高。

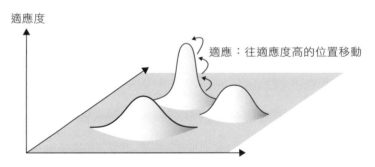

圖 6-1 適應度地形
參考井庭崇《モデリングシミュレーション入門》（http://gc.sfc.keio.ac.jp/class/2004_19872/slides/13/index_29.html）

適應度地形並不穩定。與其他自我複製體相互作用時,適應度地形不是一個適合的觀點。再加上即使置之不理,環境模式也會變化,因此適應度地形算是一種時間函數。

例如在有大量野兔為食物的環境,狐狸的適應度變高。相對而言,野兔的適應度降低。結果,時間一久,野兔減少,狐狸的適應度開始下降。如此一來,野兔的適應度再度上升,個體數量增加。這種現象稱作「頻率依賴選擇(negative frequency-dependent selection)」。

當演化成複製成功率大,或個體數量變多時,稱作「攀上適應度地形」。例如,野兔演化成不會被狐狸吃掉的形狀及性質(特質)。

但是實際上,多數物種似乎都停在半山腰。換句話說,不是淘汰狐狸或野兔,而是狐狸與野兔共存,攀上適應度地形在自然界並不存在。因此有人質疑此種適應度地形的演化觀點是否妥當。前面提過,剛開始未必能提供適應度地形,通常是之後才確定適應度。

Manfred Eigen 提出的現象包括了「錯誤災難(error catastrophe)」[46]。這裡的錯誤是指「突變」。當突變高過一定數值,就會停止複製,因為無法正確複製資料。這種突然無法複製的臨界現象,就是錯誤災難。

那麼錯誤災難是不當現象嗎?倒也未必。假設模式略微不同的自我複製群體,把相同成員當作整體來複製並維持時,即使沒有逐一複製,也會複製成群體,如此一來,適應環境變化的穩健性反而變高。

RNA 病毒似乎就是使用了這個策略。這種群體的自我複製稱作「類種(quasi-species)」。

Eigen 用錯誤災難傳出的訊息,似乎在否定適當度地形的觀點。自我複製應該注意演化的動態,而不是越過適應度地形。

以下要介紹在 ALife 研究中使用的程式範例,從中瞭解演化並非朝向某個決定好的終點,而是從一個頂點跳到另一個頂點。

以老天爺的角度往下眺望時,才有適應度地形存在,實際上有哪種地形,我們並不曉得。

Thomas Ray 建立的「Tierra」世界,是初期 ALife 的代表性研究,在這個模型裡,創造出沒有適應度地形的世界[47],裡面準備了理論上可以自我複製的巨集指令集。

Tierra 在初期是隨著原始指令集突變而產生演化,利用(寄生!)其他程式的指令集,將自己的程式碼加到程式裡,或演化成把程式群當作網路完整複製的狀態。

這個部分在第三章介紹由池上提出的「磁帶與自動機」演化模型中也看到過。不論是 Tierra 或磁帶與自動機,都沒有事先提供適應度地形。想繪製適應度地形時,或許能畫出來,但是

在電腦上執行時，自然會產生 CPU 的執行權及記憶體區域之爭，結果會淘汰某些程式群，然後演化。此時，不需要適應度地形，只要善用適應度函數，演化會變得一目瞭然。

6.1.2 「囚徒困境」的演化

假設玩「遊戲」獲得高分會增加適應度。這裡所謂的遊戲包括猜拳、捉迷藏、撲克牌、麻將、棒球、美式足球等，種類非常多。因此有人提出可以利用這些遊戲，代表物種的相互作用，並以玩遊戲的分數，描述物種演化的「演化博弈理論（Evolutionary Game Theory）」。

英國生物學家 John Maynard Smith 把博弈理論應用在演化生物學上，因而提出演化博弈理論。詳細內容記載於 1982 年出版的《Evolution and the theory of games》中 [48]。

一般遊戲的策略數量是固定的，而博弈理論是從中找到獲得高分的策略。可是，演化博弈理論沒有固定的策略，而是利用演化時間的長短，創造出新策略。把新策略當作新物種，就可以在電腦上觀察新物種的演化狀態。

例如，有個遊戲稱作「囚徒困境」。

囚徒困境是共犯 A 與 B 因某個事件被警察逮捕，在隔離狀態下，決定是否招供（背叛＝D）或保持緘默（協商＝C）的遊戲。倘若兩人都招供，會判處十年徒刑，兩人皆保持沉默，則判處五年徒刑。其中一人招供，招供者無罪，另一人會判處二十年徒刑。

此時的「最佳策略是？」當然一定是背叛。因為，若對方也背叛了，會處十年徒刑，可是如果對方沒有招供，自己就會無罪釋放，因此自己招供，卻被對方背叛時，損失最大。這個遊戲的解決方案，就是互相背叛。

反覆進行這個遊戲（「反覆囚徒困境」遊戲），狀態會變得不一樣，可能出現除了彼此背叛以外的答案。例如「以眼還眼」策略（Tit For Tat, TFT）。若上次對方背叛了，這次自己也跟著背叛；如果對方進行協商，自己也展開協商。看起來簡單，卻是非常有效的策略。

在無限的策略空間中，不曉得什麼才是最佳策略、或沒有最佳策略的狀況非常有趣。說不定其中暗藏著讓人驚訝的情況。事實上，現在學者們仍在持續研究，試圖找出新的強大策略。2012 年 Freeman Dyson 找到新的最佳策略「zero-determinant（ZD）」[49]。

略微改變遊戲的狀況，會出現有趣的情形。例如，雖然自己打算協商，卻讓對方認為你會背叛。這種加入某種雜訊，改變方法，我們稱為「含雜訊」的困境遊戲。

雖然背叛過一次，對方卻願意寬容，就能恢復彼此協商的狀態，因此寬容度非常重要。在「Tit For Two Tats」策略中，除非對方連續背叛兩次，否則不背叛。這種策略對於含雜訊的遊戲非常有效。

當某個策略在群體中占有優勢時，由於對戰的對象擁有和自己一樣的策略，所以自己是否能處理得當（能否取得高分），就成為主要關鍵。

擁有更多記憶體比較重要？寬容度重要嗎？出現了各種探討，可以「自動」解決這個問題的是一種類似生命的方法，亦即演化演算法。

以瑞典物理學家 Christian Lindgren 為首的多位學者反覆進行了囚徒困境的實驗[50]，成為初期 ALife 的代表性演化實驗。

一般認為，沒有絕對穩定、唯一的策略。演化不是挑選出最優秀的個體，而是產生多元化的裝置，因此根據演化學者 Ronald Fisher 及 George Price 的研究，變動的幅度與「演化壓力（evolutionary pressure）」成正比。

換句話說，演化偏愛多元化，不喜愛最佳化。下一節「開放式演化」也不是最佳化，而是從最佳化產生下一個新策略的方法。

6.2　開放式演化

我們來看人工演化的另一個例子。

遺傳演化法是以 John Holland 設計的「Classifier」為基礎。原本的搜尋演算法後來改稱作「遺傳演算法（Genetic Algorithm, GA）」。把必須執行的任務，分解成模擬基因的位元串，成為分散式程式碼，並使用突變或交叉演算使其演化[51]。在 GA 中，這些變化的基因將當成網路，分散表現演算法。

各個基因擁有「資本」，供自己使用，個別獲得使用權的基因，會當成一個整體來輸出。輸出狀態良好、有貢獻的基因，就會增加資本，這種結構稱作「接力方式」。

美國電腦科學家 David Goldberg 使用 Classifier，以「如何在市區供給天然氣」、「要打開或關閉哪裡的氣閥」等方式，顯示了有效控制天然氣管線的成果。這就是遺傳演算法（GA）的開端。雖然我們把類神經網路當作最佳化手法來運用，可是 GA 這個強大的競爭對手，也引起了外界的注意。

GA 具有穩定的適應度地形，適合用來找出最佳地點。可是，多數實踐性問題不見得都能清楚確定適應度地形，就像前面 Lindgren 的策略演化一樣，或許有一天別的策略會演化。

一般而言，在演化過程中，當某個策略占有了群體時，總有一天會出現凌駕其上的策略。不久之後，會換成下一個占有策略。因為演化永無止盡！這就是所謂的「開放式演化（Open-Ended Evolution, OEE）」。哪種系統會出現 OEE？可以用人工方式引發 OEE 嗎？有沒有這種機制？這是 ALife 研究最重要的課題。

事實上，OEE 也有懸賞獎金。人類的科學技術發展就像具有代表性的「摩爾定律」，呈指數型成長，並持續創新。我認為這就是 OEE。

自然的 OEE 究竟可不可能出現？人類的智慧會不會帶來 OEE？這是現今 ALife 要問的問題。

6.3 人工演化

有個實際發生在試管中的演化例子，就是伊利諾大學的 Spiegelman 團隊，使用複製 RNA（核糖核酸）的酵素「Qβ 複製酶」所進行的實驗 [52]。

DNA 是負責儲存及傳遞生物遺傳資訊的遺傳物質。生物以 DNA 為來源，藉由 RNA，合成蛋白質，最後製造出細胞。RNA 是為了製作蛋白質而產生的暫時性模具。在病毒的 RNA 中，有某個遺傳資訊的複製是由被寄生的宿主系統負擔。

Spiegelman 團隊在會感染大腸桿菌的噬菌體（感染細菌的病毒）之 RNA 病毒中，發現了會複製自我 RNA 的特殊酵素 Qβ 複製酶。把這個 RNA 和來自大腸桿菌的酵素一起放入試管中，進行快速自我複製的淘汰過程後，證明了新的自我複製 RNA 會演化。

演化後的 RNA 會逐漸變短，並加快自我複製的速度，而且利用 Qβ 複製酶進行複製的部分會演化。

這個結果讓我想起複製電腦記憶體區域的程式彼此競爭的遊戲「CoreWars」。早在 ALife 之前出現的 CoreWars，是在記憶體上執行的程式彼此競爭，最後由能繼續執行的程式勝出的遊戲。

基本上，最強的程式是「imp」。這個程式的長度短，能自我複製，因為生存過程需要快速自我複製。這就是前面說明過，小而簡單的自我複製演化。

大腸桿菌是最早發現的複製菌，密西根州立大學的 Lenski，三十五年來持續培養大腸桿菌，進行實驗，提出在自然環境下，大腸桿菌演化出含有新特質的報告。儘管報告中並未提到該大腸桿菌出現基因組變短的演化，但是一般認為，這已經形成繼代培養循環的最佳複製系統。這些例子顯示出，不論演化的是 RNA 或大腸桿菌，都可以透過實驗來觀察。

演化問題不限於生物演化，一般人工物質也有演化的可能性。例如，土松隆志團隊曾在東京大學廣域科學系的畢業研究中，探討過相機、鳥居、雜煮等物體的「演化」[53]。

相機、鳥居、雜煮等物體因為人類的關係才出現變化。相機發展出創新的先進技術，鳥居與雜煮不可能有這種技術革新。不過，鳥居有時代背景，雜煮會衍生出地方特色。實際上，他們在報告中提出，鳥居與雜煮的系統性弱，能看到生物演化中的「水平傳播」。以系統圖顯示這些演化，可以把技術的演化定位成生物演化的一部分。

前面說明過，電晶體的集成度與 CPU 的運算速度會隨著時間成指數型成長，這就是「摩爾定律」。這種情況是一種人工演化的特徵，代表「回饋機構」正在運作。

簡單來說，製造運算速度快的 CPU，然後用它再製造出更快的 CPU，這種自我參照的結構產生了摩爾定律。生物演化也是使用這種以演化後的部分為基礎再演化的機制。可是，技術的演化不用按照自然演化的法則，無須按部就班，可以爆發性地加速成長。

一般認為，積極研究加速演化的可能性、OEE、多元化原理等內容，可能成為今後 ALife 的研究方針。

6.4 ALife 的演化模型

真正複雜的生命活動是憑空演化而來的嗎？倘若多數突變是致命的，那麼演化應該非常困難。

或者演化是含有某個偏權值的探索過程，而非隨機探索狀態空間？

想出 GA 的 Holland，使用「第一象限（Alpha Quadrant）」的一維細胞自動機，挑戰了這個問題。他表示，如果準備了一個特別的演化操作子（operator），會在有效的時間內發生演化；若沒有，演化將需要無限的時間。

倘若演化非隨機，而是有個特別的元素。這種假設令人驚訝，但是實際上，演化或許需要特別的基因操作子。假如這個特別元素不只是剛開始，也與幾個非常重要的轉移現象（從單細胞變成多細胞）有關，結果會如何？最後第八章「意識的未來」模擬的部分，將成為回答這個問題的答案。

換個問題，如果生物群體不是個體單獨生活，而是建立社群、形成社會，應該會按照該群體的智慧來淘汰個體吧！本章將先進行個體演化，然後觀察成為群體後的行為。從個體演化及群體演化兩方面，檢視 OEE 的模式。

以下準備的是「代理人基模型（agent-based model）」。這個模型的內部備有類神經網路，是第四章討論過，內建類神經網路的群體模型二維版。

每個個體利用感測器偵測環境中的食物（化學物質在環境中的濃度分布），在空間中移動，尋找食物，類神經網路負責控制這個部分。但是，食物的分量會隨著場所而異，代理人吃掉食物之後，食物就會變少，一旦食物減少，就得移動到其他地方才能得到食物。

這就是讓代理人在一定時間內，收集到大量食物的評估函數。假如沒有食物，就進行探索。由於只能直線移動探索，做不到的個體就會被淘汰。這裡的演化是利用前面提到的遺傳演算法 GA 產生的，類神經網路的神經細胞耦合元素透過基因編碼之後再演化。

6.4.1 代理人基模型

在進行代理人演化之前,以下先執行做出隨機行為的單純程式,讓你能充分瞭解代理人的模擬試驗,加深對程式的理解。

範例程式的執行方法

範例程式位於 chap06_07 目錄中,請切換至儲存該檔案的目錄再執行。

```
$ cd chap06_07
$ python ant_nn.py
```

執行成功後,會顯示模擬畫面。食物這個化學物質為黃綠色,分布在有濃度差異的藍色環境中。紅色圓圈是代理人,代理人移動過的地方會把食物吸收掉,因此顯示成藍色軌跡。

可是,這裡出現的代理人只會在原地打轉,隨意持續前進,完全沒有收集食物的樣子。執行這個程式時,如果沒有給予任何命令列引數,就會以含有隨機基因的代理人開始進行模擬。

圖 6-2 擁有類神經網路的代理人模型(隨機基因)

接下來,讓我們仔細檢視程式碼 chap06_07/ant_nn.py。

```
nn_model = generate_nn_model(HIDDEN_NEURON_NUM, CONTEXT_NEURON_NUM)
# 把部分輸出當作上下文的神經元,成為下次輸入用的變數
context_val = np.zeros(CONTEXT_NEURON_NUM)

if len(sys.argv) == 1:
```

```
    gene = np.random.rand(get_gene_length(nn_model))
else:
    gene = np.load(sys.argv[1])
decode_weights(nn_model, gene)

# 引數為代理人的數量（請參考附錄）
simulator = AntSimulator(1)
simulator.reset()
while True:
    sensor_datas = simulator.get_sensor_data()
    action, context_val = generate_action(nn_model, sensor_datas[0], context_val)
    simulator.update(action)
```

代理人的內部有類神經網路。類神經網路的輸入層是由 9 個神經元構成，而輸出層是由 4 個神經元構成。

輸入層有 9 個神經元，這個數字是來自收集環境化學物質的 7 個感測器有 7 個神經元，再加上 2 個上下文神經元；而輸入層有 4 個神經元，這個數字是來自輸出代理人速度及角數速值的 2 個神經元及 2 個上下文神經元。

上下文神經元是指記憶上一個步驟的資料，將其影響反映在輸入用的神經元。還有一個隱藏層，假設有 4 個神經元。

把上述類神經網路的結構繪製成圖示，結果如下所示。

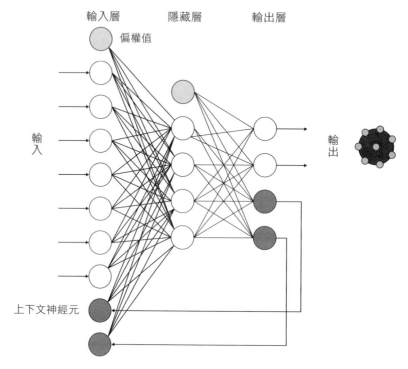

圖 6-3　類神經網路的結構

7 個感測器的輸入與 2 個輸出和代理人的身體有關,因此不會改變,但是上下文神經元及隱藏層的神經元可以設定成任意數量。後面的遺傳演算法也可以使用 context_neuron_num 與 hidden_neuron_num 的設定,所以在程式碼中進行定義。

從這些資料可以得知,類神經網路的生成是用 generate_nn_model 來進行(位於 ant_nn_utils. py 檔案中)。

```
def generate_nn_model(hidden_neuron_num, context_neuron_num):
    nn_model = Sequential()
    nn_model.add(InputLayer((7+context_neuron_num,)))
    nn_model.add(Dense(hidden_neuron_num, activation='sigmoid'))
    nn_model.add(Dense(2+context_neuron_num, activation='sigmoid'))
    return nn_model
```

執行類神經網路時,使用了名為「Keras」的類神經網路函式庫(2017 年由 Google 的工程師開發)。使用 Keras,就能輕鬆建構出類神經網路。

主要的資料結構是把各層固定為線性的函數 Sequential()。使用函數 add()，可以新增其他層。

在模型（nn_model）中，增加輸入層「InputLayer((7+context_neuron_num,))」、隱藏層「Dense(hidden_neuron_num, activation='sigmoid')」、輸出層「Dense(2+context_neuron_num, activation='sigmoid')」。InputLayer 函數是接收輸入值，再傳遞給下一層。Dense 函數會把各神經元的權重相加，再套用活化函數。

各個神經元會把偏權值當作輸入。權重的功能是控制輸入訊號重要程度的參數，而偏權值是調整發火容易度的參數。活化函數套用的是 sigmoid 函數。

此外，在主程式中，先準備一個儲存上下文神經元的值，當作下次輸入用的變數。

```
context_val = np.zeros(CONTEXT_NEURON_NUM)
```

接著在類神經網路中，設定經過基因編碼後的神經元權重及偏權值（這將成為之後演化的對象），由於這個階段還無法演化，所以準備隨機陣列，當作基因資料。

```
if len(sys.argv) == 1:
    gene = np.random.rand(get_gene_length(nn_model))
else:
    gene = np.load(sys.argv[1])
decode_weights(nn_model, gene)
```

但是，為了讓之後以遺傳演算法建立的代理人也能測試，先利用命令列引數提供基因資料。在引數中，傳遞以 npy 格式（儲存 NumPy 資料的標準檔案格式）儲存的陣列。

這裡使用的 get_gene_length 函數是用來回傳類神經網路所需的基因長度（基因長度等於類神經網路內所有權重及偏權值的數量）。此外，decode_weights 函數是在類神經網路的模型中，設定由基因資料編碼後的權重。兩者都儲存在 ant_nn_utils.py。

最後是執行模擬的主體。

```
simulator = AntSimulator(1)
simulator.reset()
while True:
    observations = simulator.get_sensor_data()
    act = generate_action(observations[0])
    simulator.update(act)
```

這裡把模擬用的類別儲存成 AntSimulator（程式碼位於 alifebook_lib/ant_simulator.py），請使用這個類別來模擬。引數提供的是代理人的個體數量，本章只使用「1」（詳細說明請參考附錄）。

後面的遺傳演算法也會用到產生 action 的函數，因此當作 generate_action 函數，分離成 ant_nn_utils.py。

```
def generate_action(nn_model, sensor_data, context_val):
    nn_input = np.r_[sensor_data, context_val]
    nn_input = nn_input.reshape(1, len(nn_input))
    nn_output = nn_model.predict(nn_input)
    action = np.array([nn_output[0][:2]])
    context_val = nn_output[0][2:]
    return action, context_val
```

接收類神經網路的模型、感測器的輸入、上下文神經元的輸入，然後輸出 action 與上下文神經網路。

內部使用 Keras 模型，計算類神經網路的輸出。回傳值 action 會傳遞給模擬器，把內容當作速度及角速度來處理。速度與角速度的值會輸出為 NumPy 陣列。例如 [0.1, 0.5]，兩者都是取 0 到 1 之間的數值，速度是從最低速度到最高速度，角速度是決定右轉還是左轉。

把 action() 函數的結果傳遞給模擬器，移動代理人，取得目的地的食物。

6.4.2　讓代理人演化

瞭解了何謂代理人模擬之後，終於要使用模型，演化成可以收集到大量食物的代理人了。最後再評估代理人的效能（可以取得多少食物）。

範例程式的執行方法

範例程式位於 chap06_07 目錄中，請切換至儲存該檔案的目錄再執行。

```
$ cd chap06_07
$ python ant_nn_ga.py
```

執行成功後，和上次一樣，會顯示模擬畫面，但是這個程式會按照一定時間，陸續執行不同行為的代理人模擬。此外，在控制台畫面中，將依序顯示演化的進展與結果。每結束一個世

代，把保留最佳結果的代理人基因資料當成陣列，以 npy 格式（儲存 NumPy 資料的標準檔案格式）儲存在目前的工作目錄中。（但是根據以下設定的 POPULATION_SIZE 及 ONE_TRIAL_STEP 數值，前進一個世代可能需要花費較長時間，請耐心等待。）

剛開始是執行各種設定。

```
# 與 GA 有關的參數
ONE_TRIAL_STEP = 2000
POPULATION_SIZE = 51

nn_model = generate_nn_model()

GENE_LENGTH = get_gene_length(nn_model)
population = np.random.random((POPULATION_SIZE, GENE_LENGTH)) * 10 - 5
fitness = np.empty(POPULATION_SIZE)
```

取得類神經網路的權重數量（基因的大小：gene_length），將一個世代建立 50 個（POPULATION_SIZE=50）代理人種群（population）的基因初始化。

基因大小（gene_length）為類神經網路的權重數量。這個範例是包括連接輸入層 9 個神經元及中間層 4 個神經元的邊緣權重數（9×4 = 36）、4 個神經元的偏權值、連接中間層 4 個神經元與輸出層 4 個神經元的邊緣權重數（4×4 = 16）、4 個神經元的偏權值（36 + 4 + 16 + 4 = 60）。

接著進入遺傳演算法的核心。

```
simulator = AntSimulator(1)
generation = 0
while True:

    # 評估目前的群體
    for gene_index, gene in enumerate(population):
        print('.', end='', flush=True)
        # 把基因資料解碼為類神經網路的權重
        decode_weights(nn_model, gene)
        # 進行模擬
        context_val = np.zeros(CONTEXT_NEURON_NUM)
        simulator.reset()
        for i in range(ONE_TRIAL_STEP):
```

```
        sensor_datas = simulator.get_sensor_data()
        action, context_val = generate_action(nn_model, sensor_datas[0], context_val)
        simulator.update(action)

    # 儲存這次的適應度
    fitness[gene_index] = simulator.get_fitness()[0]
```

首先使用 for 語法，逐一取出儲存在 population 中的代理人基因，實際模擬，評估之後，在 fitness 陣列儲存代理人的適應度（模擬部分和前面的程式一樣）。只用 ONE_TRIAL_STEP 執行模擬，進行一次評估，最後使用 AntSimulator 類別的 get_fitness 函數，取得收集到的食物總量。

評估完整個群體之後，在控制台顯示提供給使用者的報告。

```
    # 報告結果
    print()
    print("generation:", generation)
    print("fitness mean:", np.mean(fitness))
    print("        std:", np.std(fitness))
    print("        max:", np.max(fitness))
    print("        min:", np.min(fitness))
    # 把第一名的代理人儲存在檔案中
    best_idx = np.argmax(fitness)
    best_individual = population[best_idx]
    np.save("gen{0:04}_best.npy".format(generation), best_individual)
```

執行到這裡，50 個代理人的所有評估值（fitness）平均、標準差、最大值、最小值如下所示。

```
generation: 0
fitness mean: 44.39388315528631
        std: 80.9058452880875
        max: 354.6235375404358
        min: 3.2823529839515686
```

另外，使用 np.argmax(fitness)，取出評價最高的代理人基因（best_individual），利用 np.save() 儲存成 npy 格式的檔案。倘若後續想檢視第二名以後的代理人，請視狀況，把資料儲存起來。

6.4.3 產生保留至下個世代的基因

上面我們介紹了定義代理人群體，執行可以取得多少食物的評估。接下來，我們將從這些代理人群體的基因中，產生保留至下個世代的基因。

首先，建立函數，從目前的世代中，選出父代理人，以下是執行過程。

```
def select(population, fitness, TOURNAMENT_SIZE = 3):
    idxs = np.random.choice(range(len(population)), TOURNAMENT_SIZE, replace=False)
    fits = fitness[idxs]
    winner_idx = idxs[np.argmax(fits)]
    return population[winner_idx]
```

父代理人是利用競賽方式選出來的。隨機選出競賽規模（tournament size）（這次是 3）的代理人，然後選擇一個評估值 fitness 最高的代理人，當作下個世代的父代理人，再產生子孫，反覆操作，直到收集到目標數量的代理人為止。這種手法的特色是，控制競賽規模，可以調整演化壓力（適應環境的強弱）。其他還有根據 fitness 值決定選擇機率的輪盤法（roulette wheel selection），或按照 fitness 值的排名決定挑選機率的方法等。

之後利用以下三種方法，建立子代，並儲存在 offsprings 陣列中。

1）選擇（複製父代染色體）

2）突變

3）交配

● 選擇

首先，產生整體 1/3 個直接複製父代染色體的子代染色體。由於成績最好的代理人非常重要，因此無條件加入子代之中。

```
# 第一名的代理人直接成為子代
offsprings[0] = best_individual.copy()
```

接著從父代染色體中，隨機選擇個體，當作子代保留下來，直到收集到目標個數為止。

```
# POPULATION_SIZE/3 - 1 個複製成下一代
for i in range(1, POPULATION_SIZE//3):
    offspring = select(population, fitness).copy()
    offsprings[i] = offspring
```

● 突變

接著是突變。同樣產生整體 1/3 的個數。

```
# POPULATION_SIZE/3 個突變後成為下一代
for i in range(POPULATION_SIZE//3, 2*POPULATION_SIZE//3):
    offspring = select(population, fitness).copy()
    mut_idx = np.random.randint(GENE_LENGTH)
    offspring[mut_idx] += np.random.randn()
    offsprings[i] = offspring
```

選擇一個突變後的基因,再選擇變成隨機值的權重索引(mut_idx)。選出來的索引在權重值中加入亂數,把突變後的基因當作子代保留下來。

● 交配

最後是交配。同樣讓整體個數的 1/3 個基因交配,當作子代留下來。

```
# POPULATION_SIZE/3 個交配後變成下一代
for i in range(2*POPULATION_SIZE//3, POPULATION_SIZE, 2):
    p1 = select(population, fitness).copy()
    p2 = select(population, fitness).copy()
    xo_idx = np.random.randint(1, GENE_LENGTH)
    offspring1 = np.r_[p1[:xo_idx], p2[xo_idx:]]
    offspring2 = np.r_[p2[:xo_idx], p1[xo_idx:]]
    offsprings[i] = offspring1
    try:
        offsprings[i+1] = offspring2
    except IndexError:
        pass # pupulation 過多就捨棄
```

選擇交配的成對基因「p1」與「p2」。接著選擇交配基因的索引,把 p1 的前半部分與 p2 的後半部分,以及 p2 的前半部分與 p1 的後半部分構成的兩個基因,當作子代保留下來。這裡使用的是選擇一個部分互換的單點交配法,但是也有更複雜的雙點交配法。

以上就完成建立子代的過程。新建立的基因群體,用 while 語法進行多代評估,可以演化成取得更多食物的代理人。

究竟如何演化？我們試著輸入儲存後的基因資料，執行讓代理人移動的程式。在前面使用過的 ant_nn.py 腳本中設定基因檔案當作命令列引數，就可以執行程式。（假如你還沒有完成演化，在 sampledata 目錄中儲存了演化至 70 代的範例，請使用該檔案進行模擬。）

範例程式的執行方法

範例程式位於 chap06_07 目錄中，請切換至儲存該檔案的目錄再執行。

```
$ cd chap06_07
$ python ant_nn.py [gene data file path]
```

```
> python ant_nn.py sampledata/gen0001_best.npy
> python ant_nn.py sampledata/gen0010_best.npy
> python ant_nn.py sampledata/gen0050_best.npy
> python ant_nn.py sampledata/gen0070_best.npy
```

演化至第 1 代、第 10 代、第 50 代、第 70 代時，獲得最大評估值的代理人軌跡如圖 6-4 所示。

剛開始只在食物較少的區域移動，隨著世代增加，可以看到演化成避開食物較少的區域，在食物較多的區域大範圍探索。

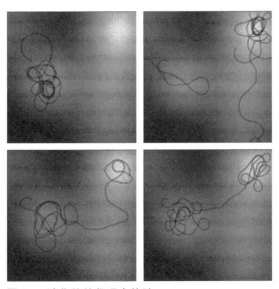

圖 6-4 演化後的代理人軌跡

利用不同預設值的 GA 演化，可以得到各式各樣的代理人移動軌跡模式。除了圖 6-4 之外，還能用 GA 找到隨機探索的代理人，或盡量在該場所停留並緩慢移動的代理人等行為模式。

請自行改變類神經網路的結構或神經元數量，調整選擇、突變、交配的基因數量，試著演化出保留與範例不同結果的代理人。

6.5　多樣性原則與 ALife 的展望

ALife 並非全都是往適應度高的地方移動。當然也有產生多樣化個體的演化過程。

上一節演化出收集食物的代理人。以下我們要試著討論這一點對我們的社會將帶來何種影響。

進步的技術是有生命的，雖然乍看無法瞭解其結構，但是它們會自主運作。在未來的十年內，不難想像 ALife 式的存在會充斥於整個社會。這種 ALife 會促使我們提出新的想法或創造新的用語。我相信，這一點在提升 ALife 技術的同時，也能讓單憑人類無法傳遞的「多樣性原理」演化。

多樣性原理是指，接受與自己外觀及語言都不相同的對象，共同討論並建立社會的理論。然而，ALife 是建立生命的形式，讓「可能存在的生命」出現。基於這一點，我們可以說，ALife 的研究具有製造出比現實世界更多的生命型態，增加多樣性的效果。

現在我們眼中的生命，是受到地球上物理性、化學性的制約，在大型達爾文進化過程中產生的結果。假如捨棄這項制約，不使用細胞或 DNA，在新的演化運動影響下會如何？ ALife 就是在研究從這種演化中誕生的生命。

假如這種 ALife 真的誕生了，必定會出現沒有模仿人類智慧的人工智慧。這種人工智慧是用來保證系統自主性的智慧。對機器而言，它們必須為自己創造語言、建構新的數學、編寫出新技術，擁有讓自己生存下去的智慧。

按照這個觀點，目前的自駕車依舊是為了人類才製作出來的，毫無系統自主性可言，不過是人類用來享有安全性的一種工具罷了。非自動化，而是「自主化」後的 ALife 式自駕車，應該是像馬一樣的交通工具。

馬有馬想做的事情，有時會希望能在草原上奔馳。馬不會接受討厭的騎馬者，與騎馬者心靈相通，才會變成生命共同體。ALife 式的自駕車就是兼具這種生命特徵的自主性交通工具。如果討厭你，就不會讓你騎乘。

這種 ALife ＝自主性系統不只是車輛，冰箱、電話、房間、房子、游泳池，甚至是數位寵物，都可以注入生命化的自主性。

未來「物品（Things）」將有自主性，所有的技術都會被生命化，亦即「物心化」。在未來的世界裡，人類不再處於世界的中心，想隨時站在蓋亞（以地球為中心的整個生態系）頂點，不過是人類的自以為是。

人類推動蓋亞，接受回饋並讓環境維持下去的現代，稱作「人類世（Anthropocene）」。未來應該會變成以 ALife 為中心的「ALife 世紀（alifepocene）」吧？

美國社會學家 Morris Berman 在《The Reenchantment of the World》（1981 年）曾這麼說 [54]，「未來的文化不論是內在或外在，應該會變得更廣泛地接受所有種類的多樣性，包括異形及非人類吧！」

Berman 參考的人類學者 Gregory Bateson 提出一個極端關係的概念，如果沒有描述該現象與其他現象的關係，就無法找出本質。Bateson 仿效精神分析家 Jung，把這種生命關係稱作「受造之物（Creatura）」，與無心物的世界「普雷若瑪（Pleroma）」形成對比。按照這種想法，透過機械性運算，獲得自主性的 ALife，能思考與人類之間的關係有何意義，而不是與人類分開掌握。換句話說，認同計算生命這種與人類不同生命狀態的存在，可以擴大人類能連結的關係範圍，延伸多樣性的概念。

排除理論是指，否定自己與對象的關係，認為「與我不同的你，與我沒有關係」。現代的我們知道，這種思想充斥在社會上會產生分化，使得世界愈來愈狹隘、貧瘠。認同差異，接受彼此的關係正好相反。利用廣泛的多樣性，建立新的世界觀、烏托邦及語言，才是 ALife 帶給人類的結果。自主化的車子是邁向這種未來的第一步，在我們的世界裡，其他許多技術也將呈現出多樣化關係的型態。

持續建立關係是透過相互作用（Interaction）來達成。因此，在 ALife 的研究中，思考增加多樣性的相互作用結構變得很重要。下一章將詳細說明 ALife 代理人之間相互作用的演化。

參考文獻

[43] Langton, C. G., Self-reproduction in cellular automata, Physica D., vol.10, p.135-144, 1984, doi:10.1016/0167-2789(84)90256-2.

[44] Hiroki Sayama, Toward the Realization of an Evolving Ecosystem on Cellular Automata, Proceedings of the Fourth International Symposium on Artificial Life and Robotics (AROB 4th '99), Beppu, Oita, Japan, p.254-257, 1999.

網站：Structurally Dissolvable Self-Reproducing Loop & Evoloop:

Evolving SDSR Loop（http://necsi.edu/postdocs/sayama/sdsr/）

[45] Penrose, Lionel S., Mechanics of Self-reproduction, Annals of Human Genetics, vol.23, no.1, p.59-72, 1958.

[46] Eigen, Manfred., Error catastrophe and antiviral strategy, Proc. Natl. Acad. Sci. USA., vol.99, no.21, p.13374-13376, 2002.

[47] 網站：the Tierra home page（http://life.ou.edu/tierra/）

[48] Smith, John Maynard, Evolution and the Theory of Games, Cambridge University Press, December 1982.

[49] Press, William H.; Dyson, Freeman J., Iterated Prisoner's Dilemma contains strategies that dominate any evolutionary opponent, PNAS June 26, vol.109, no.26, p.10409-10413, 2012; https://doi.org/10.1073/pnas.1206569109; Contributed by William H. Press, April 19, 2012 (sent for review March 14, 2012).

[50] Lindgren, K., Evolutionary Phenomena in Simple Dynamics, in Artificial Life II, Proceedings Volume X, pp, 295-312, 1992.

[51] Holland John H., Adaptation in natural and artificial systems : an introductory analysis with applications to biology, control, and artificial intelligence, University of Michigan Press, 1975.

[52] Kacian,D.L.; Mills, D.R.; Kramer, F.R.; Spiegelman, S., A Replicating RNA Molecule Suitable for a Detailed Analysis of Extracellular Evolution and Replication, Proceedings of the National Academy of Sciences, vol.69, no.10, p.3038-3042, 1972.

[53] 石山智明、伊藤則人、柴田裕介、土松隆志、池上高志。以系統樹探究非生命 演化：鳥居・雜煮・數位相機，第 7 次日本進化學會大會發表海報 , P2-46, 2004.

[54] Berman, Morris., The Reenchantment of the World, Cornell University Press, Ithacaand London, 1981.

第七章
行為互動

生命個體之間會展現出多樣化的相互作用，也就是關係模式，包括彼此模仿、互相競爭、共同合作、玩樂。這種關係會隨著彼此的內部狀態演變而受到影響。

我們如何掌握「對方」的存在，回饋到自己的行動上？

本章將解讀「模仿」、「預測」等關鍵字，同時根據從他人的存在感認知，建立「互為主體性（Intersubjektivitat）」的討論內容，執行讓第六章的代理人相互作用的模擬，探索相互作用與生命的關係。

7.1　內部狀態與吸子

第二章介紹了按照簡單的原則，在相互作用下，創造出複雜生命的模式。接著，第三章說明了在相互作用中，產生個體並維持下去的模型。

可是，這些模型缺乏「內部狀態」的概念。例如，對寄居蟹而言，海葵是殼上的裝飾，也是食物，甚至是玩具，這點全憑寄居蟹的內部狀態而定。

到目前為止的模型，基本上都是沒有內部狀態的代理人。尤其 Brooks 的包容式架構（Subsumption Architecture）是累積單純的反射動作創造出來的。同理可證，代理人沒有內部狀態，任何情況都將獲得相同的結果。而生物會隨著當時內部的主觀狀態或記憶改變行為。

在動力系統（狀態會按照固定的規則，隨著時間發展而產生變化的系統）的混沌運動上或非常複雜的環境中，即使有內部狀態，也會產生生命現象的「不確定性」。

然而，一般認為「可以賦予生命意義的不確定性」，對內部狀態的動態很重要。通常我們無法事先知道，建立內部狀態隨著環境與時間產生何種變化的規則或方程式的「吸子（attractor）」（在一個動力系統中，經過一段時間後，定期觀察到的穩定狀態）種類與結構。

因此，本章讓代理人具有內部狀態，利用代理人之間相互作用，創造出有多個內部狀態的吸子結構。有多個吸子代表會在內部建立幾個不同的上下文。

假設代理人在任何情況下，只有憤怒的內部狀態時，這樣就很簡單。因為只要寫成沒有內部狀態的粒子運動即可。可是事實上內部狀態包括憤怒、悲傷、開心等，假設以複雜方式讓這三種狀態循環，每次內部的上下文都不一樣。這個部分翻譯成吸子的變遷。

隨著內部的吸子變遷，將與他人產生相互作用或消失。這種生命現象的學習即是「利用相互作用的吸子學習」。

接下來，讓我們從學習的觀點來介紹相互作用。

7.2 用電腦「學習」

近年來，隨著人工智慧技術的發展，電腦變得擅長學習。

例如，利用類神經網路技術之一的深度學習，學習梵谷及畢卡索的畫風，創造出繪製新作品或重畫現有影像的「風格轉換（Style Transfer）」技術。

在 deepart.io 網站上，可以把任何照片自動變成你選擇的畫風，如圖 7-1 所示（這個範例是梵谷）。這就是利用電腦學習畫風。

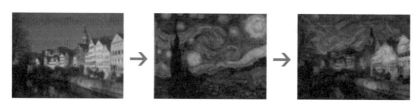

圖 7-1 deepart.io 的梵谷畫風轉換範例
引用自「DEEPART.io」（https://deepart.io/）

除了學習畫風之外，人類也可以與電腦合作繪圖。

Google 在 2017 年 4 月發表了軟體「sketch-rnn」，這是透過深度學習的應用，讓電腦完成人類畫到一半的塗鴉。

sketch-rnn 學習了透過網站「Quick, Draw!」收集到的數千萬張塗鴉資料（取得拿筆的動作、停止繪圖的動作、移動方向等一連串控制畫筆的肌肉動作資料）。從繪圖時的動態動作，學習動作之間的關係。除了可以完成人類畫到一半的畫作，也可以提供想描繪的主題，從零開始繪圖。

有趣的是，電腦並非只是拷貝學到的資料，而是（看起來像）學習狗有四隻腳、貓有耳朵及鬍鬚等「抽象概念」。因此，當指示電腦，把豬的圖畫當作範本，繪製出卡車時，電腦會畫出像融合了豬與卡車的圖畫。

深度學習和 sketch-rnn 一樣，是辨識到目前為止的對象並進行分類的技術，並充分發揮了威力。例如，自駕車可以快速正確辨識出現在車用攝影機中的人物、車輛、標誌、道路等眾多物體。

就辨識與分類這個定義來說，深度學習已經超越人類原本的能力。

為了達成自動駕駛的目標，必須把這些辨識結果與駕駛車輛的控制能力結合。其中，建立連接各種辨識結果與駕駛控制原則，或從攝影機等感測器資料，直接預測駕駛控制的「End-to-End Learning」等方法深受矚目。

可是，上述的辨識是從神的觀點來辨識。代理人開始與辨識後的物體相互作用，當作辨識後的結果，但是這裡卻沒有考量到最重要的部分。例如，即使與 sketch-rnn 合作繪圖，在 sketch-rnn 中，感覺不到「他者性」或「生命性」。因為這不是學習人類與電腦的溝通，頂多只是學習把狗、豬、卡車等概念與圖畫做比對而已。

此外，自動駕駛是把攝影機的感測器資料當作環境資料，學習比對油門及煞車等操作控制。因此，裡面沒有學習個體之間相互作用，產生動態結果的觀點。

以下介紹的 ALife 研究，是從相互作用預測或模仿行為的概念開始切入，在環境與人類的相互作用學習中創造出生命，而不是辨識物體，產生動作。換句話說，生命系統首先思考、非常重要的相互作用本質，就在這裡。

我們今後會逐漸在各個領域見識到這種想法的重要性。以下讓我們舉個實際的例子。

7.3 根據預測學習相互作用

7.3.1 使用 RNN 的實驗

「遞歸神經網路（Recurrent Neural Network, RNN）」是 1990 年由 Jeffrey Elman 提出，使用於語言學習上的知名類神經網路 [55]。與過去的類神經網路不同，RNN 在內部具有上下文（context neuron），可以按照狀況或時間序列進行學習，因而受到矚目。

例如，谷淳使用 RNN，以預測（prediction）及修正（regression）的方式，進行機器人導航與身體模仿實驗。類神經網路是利用「反向傳播（back propagation）」或 GA 來學習。

二十年前無法建構出來的多層類神經網路 RNN，隨著電腦的運算效能提升，在分析語言、翻譯、影音辨識等眾多領域，現在都已經導入了 RNN。另外，還有 RNN 的發展型「LSTM（Long-Short Term Memory）」，我們可以說如今已順利重現了這種巨型類神經網路。

但是，基本的部分不變，預測網路這個框架的概念是一樣的。因此，現在先回顧過去的預測典範，然後再回到現代。

過去的預測典範是什麼呢？Elman 在 1990 年的論文中，首度發表讓類神經網路學習之後，結果出現了以下類似文章的句子：

Manyyearsagoaboyandgirllivedbytheseatheyplayedhappily.

此外，文內出現了「boy」、「girl」組合，第一次出現的 boy 與第二個 boy 正確解釋了隨著出現的位置而有不同上下文。

圖 7-2 是該類神經網路的內在表徵，因為有了上下文迴圈才能如此。另外，「Elman 類神經網路」自動將詞性分成動詞、名詞、動物及其他物體等。

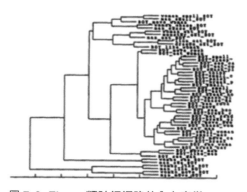

圖 7-2 Elman 類神經網路的內在表徵
引用自文獻 [55]

谷淳利用機器人的導航系統，透過 RNN，學習認知地圖，解決了根據上下文，同時預測下一個情況及決定自我行為輸出的導航課題[56]。從中瞭解到，在有岔路的迷宮中移動時，認知地圖顯示出複雜的結構，並且把環境當作動力系統來學習。

如圖 7-3 所示，在學習由 8 字建立的迷宮中，內部神經細胞與上下文迴圈創造的動力系統可以順利預測環境時，會辨識為週期解或固定點等穩定狀態；若無法順利預測時，就辨識為混沌狀態。

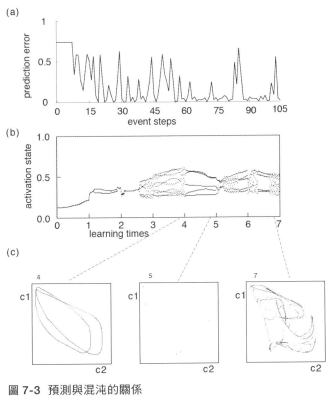

圖 7-3 預測與混沌的關係
引用自文獻[56]

7.3.2 觀察相互作用的遊戲（CDR）

然而，對方如果和自己一樣，是會進行預測的代理人時，情況將變得複雜。

池上高志準備含有 RNN 的兩個代理人，提出從對方回應自己的輸入結果中學習對方的模型，並利用這個部分預測對方的行為[57]，這就稱作「Coupled Dynamical Recognizer, CDR」。圖 7-4 顯示了兩個代理人內部模型變遷的結果。

如果對方的狀態沒變，學習是一件很簡單的事，但是我們想觀察對方按照我們的行為或學習而改變狀態時，在這種相互作用的系統中，動態變化的模型變遷。

例如，使用 CDR，進行第六章出現過的「囚徒困境」實驗[58]。

每個代理人用 RNN 建立對方的模型。此時，對方的模型會使用 RNN 學習對方對過去我們的作法（輸入）做出何種反應（輸出）的輸出入關係。並且利用這個部分，預測將來的行為。換句話說，自己這樣做之後，對方會那樣做，然後自己再這樣做，對方會那樣做……像這樣，預測未來十步後的結果，由自己決定將來可以獲得的最大獎勵（獎賞）。使用 RNN 的上下文層與輸出層的神經元數值，能在三度空間中，把對方的模型視覺化。圖 7-4 可以觀察到這種時間發展，檢視各個對手的模型變遷。

在 CDR 的學習計畫中，「以牙還牙策略（Tit For Tat）」、「第一步對方選擇協調（緘默），就選擇協調（緘默）；相反地，對方選擇背叛（招供），自己也選擇背叛的策略」，會變成不穩解。

第六章出現過的 Tit For Tat 是政治學家 Robert Axelrod 進行的實驗，在囚徒困境策略的淘汰制中，這種手法獲勝了兩次，成為致勝策略的知名手法。Tit For Tat 是沒有內部狀態的單純策略，只從預測對方行為的相互作用設定，很難出現協調性的相互作用。而且人類不像 C/D 這樣，分別提出符號來相互作用。讓我們看看如何更有效地進行相互作用。

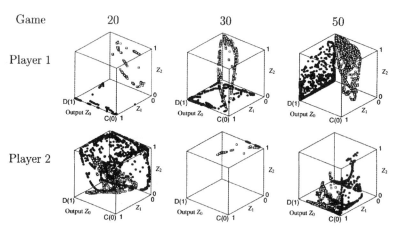

圖 7-4　內部模型的變遷
引用自文獻 [57]

我們讓兩個代理人在空間中移動追逐，彼此交換當鬼，我們稱作「話輪轉換（turn-taking）」。

如果其中一方一直當鬼，遊戲就不好玩了。因此每個人都同樣要當鬼。讓 RNN 演化成能觀察對方，同時掌握與對方交換角色的時機、切換行為。輸入值是對方的位置，輸出值是自己的速度。在時間內，平均扮演各個角色，「適應度」會變好，隨著 GA 進行演化。

結果如圖 7-5 所示，追逐的模式會隨著 GA 的世代逐漸變化[59]。

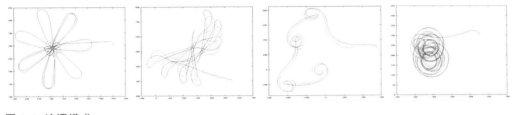

圖 7-5 追逐模式
引用自文獻 [59]

圖 7-5 是用紅線與藍線，把兩個代理人的動作視覺化。讓紅線先跑，或讓藍線先跑，會交替畫出線條。

演化之後，代理人的動作會從週期性的規律模式，變成不規則的複雜混沌結果，同時不論哪種對象，都變得能順利進行話輪轉換。

與各種代理人交換角色，才會變成不規則的複雜混沌狀態。因為若要交換角色，就必須具有半途更換的不穩定性，同時還要穩定地追逐對手。如此一來，不論哪種對手，都可以順利產生話輪轉換的行為。

這種不穩定性是指對於對方行為變化的「敏銳性」。然而，不會立刻反應的對手，代表話輪轉換失敗。

圖 7-6 只錄下完成一次話輪轉換的對手軌跡，然後播放，同時準備另一個即時代理人。剛開始，即使是播放原本的軌跡，也可以看到話輪轉換，但是不久後就開始偏離。與對手相互作用後，才會彼此模仿，如果對方與自己沒有相互作用，代理人會「厭倦」而脫離相互作用。

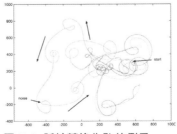

圖 7-6 話輪轉換失敗的例子
引用自文獻 [59]

7.3.3 Trevarthen 的實驗

研究學者 Colwyn Trevarthen 有個非常知名的實驗，他分析了母親與嬰兒彼此模仿的狀況[60]。這個實驗是把母親與嬰兒放在一牆之隔的不同房間，透過攝影機，進行「模仿」臉部表情的遊戲。

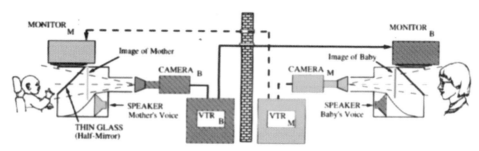

圖 7-7 Trevarthen 的實驗

引用自文獻 [60]

即便是透過攝影機，只要是即時影像，嬰兒就會模仿母親的表情。但是如果把母親的攝影機影像切換成事先錄好的影片，嬰兒一下子就會覺得厭煩而把頭別開。

圖 7-8 Trevarthen 的實驗結果（即時與回放）

引用自文獻 [60]

這代表著人類彼此模仿時，並非單方面複製，其中有某種相互作用扮演著重要的角色。換句話說，人類會彼此合作，模仿對手。這種情況和話輪轉換的模擬實驗或在虛擬世界，以觸碰方式確認對方存在的實驗，有部分是相通的。

進行相互作用，意味著掌握兩者的關係，而不是客觀地瞭解對方。兩者關係是指，看見對方看到的風景，坐在對方坐過的椅子上等，自己在兩者關係中的行為，也稱作「互為主體性（inter-subjectivity）」。一般認為，這是因為人類對於溝通的「當下」很敏感。在人類的相互作用基礎中，混合這種溝通帶有的不穩定性及穩定性非常重要。

7.4　他者性

假設創造能與人類互動的機器人，該機器人可以感受到「他者性」或「生命性」嗎？

如同在 Trevarthen 的實驗中看到的，人類彼此相互作用的本質是共同創造，有著意想不到的趣味。共同創造是指像話輪轉換般，建立彼此介入的結構。池上高志在相關的實驗中，曾做了一個「感知交叉實驗」[61]。這個實驗是研究人類彼此溝通的「存在感」。

首先，讓兩名受測者移動虛擬空間中的化身。受測者得到的回饋只有傳遞到手指的感測器振動，藉此判斷虛擬空間中的「對手」。

結果從這個實驗瞭解到，當對方移動，訊號傳送到自己的手指時，才會感受到對方的存在，而不是在自己移動的時候。換句話說，這是根據「被動式接觸」強烈感受到對方的存在。

這是屬於「功能性」的理解，並非雖然自己沒動，卻因為受到刺激而感受到對方的存在。相對來說，自己內心產生期待時的被動式接觸很重要。

產生話輪轉換時，會期待對方下次的行動，即使沒有反覆話輪轉換，也會對對方的行為產生期待感。這種期待感在一定的時間長度會被滿足，因而感受到對方的存在。換句話說，期待的形成比較重要，我們可以說，這一點與內部狀態的動力有關。

與對方相互作用時，我們內心建立的是對方的模型嗎？還是某種意識狀態同步？更或者是兩人共同創造的世界？這些是與生命系統有關的相互作用方法。

7.4.1　相互作用的模擬試驗

到目前為止創造出來的代理人，是內部擁有神經迴路網，並以成對方式相互合作的系統。這裡要說明在第四章概略提過、具有內部狀態的代理人模型之群體演化，進一步瞭解第六章演化後的人工代理人變成群體時會有何種行為，讓代理人演化成找到環境中的某種物質並前往取得的狀態，在代理人的內部建立類神經網路。

多個代理人進行相互作用時，會簡單改良代理人與環境（化學反應）。首先，代理人自己提出相同物質（例如，荷爾蒙等）並移動。其他的代理人追逐該物質，不分彼此，自己也會追逐該物質。

如此一來，空間中會形成代理人的軌跡，以及原本在環境中的物質分布狀態。剛開始代理人會探索原本的物質，不久之後，變成感測自己分泌的物質並搜索。此外，該物質在一定時間內會蒸發。

接下來，要執行代理人的群體行為程式，並詳細說明。

範例程式的執行方法

範例程式位於 chap06_07 目錄中，請切換至儲存該檔案的目錄再執行。

```
$ cd chap06_07
$ python ant_nn_multi.py sampledata/gen0050_best.npy 3
sampledata/gen0070_best.npy 3
```

在 Python Script 的命令列引數中，穿插設定第六章演化後的代理人檔案名稱及該代理人的數量。

這個例子是 sampledata 目錄內的 50 代（gen0050）有 3 個（輸入引數 sampledata/gen0050_best.npy 3），70 代（gen0070）有 3 個（sampledata/gen0070_best.npy 3），共計 6 個代理人從隨機的位置同時開始移動。

圖 7-9　3 個 50 代的代理人及 3
個 70 代的代理人

其他代理人追逐出現的物質，結果產生繪製大型迴圈的模式。如果一直移動，過了一段時間之後，迴圈會被打破，出現破壞陷入自我軌跡的代理人動力行為。

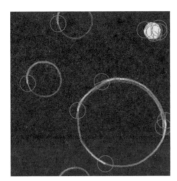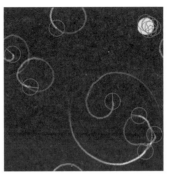

圖 7-10　左圖到右圖是經過一段時間，大型迴圈被破壞的樣子（50代 12 個代理人的例子）

多重代理人的程式執行過程與第六章幾乎一模一樣。以下主要說明幾個不同點。

首先是初始化階段，與第六章不同，必須保持多個類神經網路模型及上下文神經元的數值，因此準備串列，按照命令列引數來提供。

```
agent_num = []
agent_nn_model_list = []
agent_nn_context_val_list = []

for i in range(1, len(sys.argv), 2):
    gene = np.load(sys.argv[i])
    num = int(sys.argv[i+1])
    agent_num.append(num)
    for j in range(num):
        nn_model = generate_nn_model(gene)
        decode_weights(nn_model, gene)
        context_val = np.zeros(CONTEXT_NN_NUM)
        agent_nn_model_list.append(nn_model)
        agent_nn_context_val_list.append(context_val)

N = np.sum(agent_num)
action = np.empty((N, 2)) # 儲存各代理人行為的 (Nx2) 陣列
```

從命令列引數取得輸入檔案（基因資料）與代理人數量。使用 for 語法取出輸入檔案與代理人數量，利用 gen_nn_model () 函數取得儲存在變數 gene 中的基因資料，建立類神經網路的模型 nn_model，並準備維持上下文神經元的 context_val。

創造出來的模型全都儲存在 agent_nn_model_list，而上下文神經元儲存在 agent_nn_context_val_list。此外，由 agent_num 儲存各個基因檔案的代理人數量，所有代理人數量的合計為 N。

接著是 AntSimulator 的設定。

```
simulator = AntSimulator(N, decay_rate=0.995, hormone_secretion=0.15)
```

把代理人的數量設定為上面計算出來的 N，並設定食物蒸發的蒸發率 decay_rate。另外，代理人本身也會分泌物質，所以分泌量設定為 hormone_secretion = 0.15（第六章的預設值是 decay_rate = 1.0, secretion=None。關於這些引數的詳細說明，請參考附錄）。

以下的設定是使用各種顏色顯示不同基因的代理人：

```
# 按照代理人的基因資料設定顏色
idx = 0
if len(agent_num) > 1:
    for i, n in enumerate(agent_num):
        # 在 x 輸入 0-1 之間等距的數值
        x = i / (len(agent_num) - 1)
        # 根據 x 產生漸層色
        r = max(-2.0 * x + 1.0, 0.0)
        g = min(2.0 * x, -2.0 * x + 2.0)
        b = max(2.0 * x - 1.0, 0.0)
        color = (r, g, b)
        for j in range(n):
            simulator.set_agent_color(idx, color)
            idx += 1
```

變數 x 為 0 是紅色，1 是藍色。這裡使用 AntSimulator 類別的 set_agent_color() 方法設定各個代理人的顏色。

最後開始模擬。

```
while simulator:
    sensor_data = simulator.get_sensor_data()
    for i in range(N):
        a, c = generate_action(agent_nn_model_list[i], sensor_data[i], agent_nn_
context_val_list[i])
        action[i] = a
        agent_nn_context_val_list[i] = c
    simulator.update(action)
```

必須注意的是，AntSimulator.update() 函數的引數是 N×2 陣列。代理人的數量是列，和第六章一樣，速度與角速度是行。

將第六章演化後的基因檔案及想產生的代理人數量輸入以上的程式再執行，就會進行多個代理人的模擬。

7.4.2 穩定性與不穩定性共存

開始模擬時，出現了以下兩種模式。

- 「模式 1」⋯追逐自我產生的物質，不斷繞圈圈（圖 7-11 左）

  以 decay_rate 為 0.98，hormone_secretion=0.2，sampledata/gen0040_best.npy 為 6 進 行 模擬

- 「模式 2」⋯追逐對方產生的物質，繪製出複雜的軌跡（圖 7-11 右）

  以 decay_rate 為 0.999，hormone_secretion=0.1，sampledata/gen0037_best.npy 為 12 進 行模擬

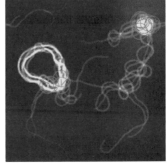

圖 7-11　模式 1（左）與模式 2（右）的範例

結果代理人都繪製出大型迴圈。螞蟻有時會朝著「死亡漩渦」前進，或許這裡也出現了相同的現象。可是，大部分的蟻群不會採取這種行動。

大型迴圈逐漸增加半徑，最終邊界變得不穩定，在某個地方分解。代理人需要在半途「感到厭倦」，才能自我破壞迴圈，產生新探索。這代表每個代理人擁有「行為不穩定性」。代理人演化成從感測器到馬達的過程不穩定，使得大型迴圈失去穩定性而崩壞。

建立、破壞群體也顯示出前面提到的穩定性與不穩定性共存。原本生命系統的集體運動就是在兩者之間取得平衡才會產生，而演化系統也是如此。

在第八章「意識的未來」中，將把這種各個代理人擁有的不穩定結構，發展成意識問題。

參考文獻

[55] Elman, J. L., Finding Structure in Time, Congnitive Science, vol.14, p.179-211, 1990.

[56] Tani, J., An interpretation of the 'Self' from the dynamical systems perspective: a constructivist approach, Journal of Consciousness Studies, vol.5, no.5/6, p.516-542, 1998.

[57] Takashi Ikegami and Makoto Taiji, Imitation and Cooperation in Coupled Dynamical Recognizers. Advances in Artificial Life. eds. Floreano,D. et al., Springer-Verlag, p.545-554, 1999. Takashi Ikegami, Gentaro Morimoto Chaotic Itinerancy in Coupled Dynamical Recognizers. CHAOS, vol.13, p.1133-1147, 2003.

[58] Takashi Ikegami and Makoto Taiji, Structures of Possible Worlds in a Game of Players with Internal Models Acta Polytechnica Scandinavica, vol.91, p.283-292, 1998. Makoto Taiji and Takashi Ikegami, Dynamics of internal models in game players Physica D, vol.134, p.253-266, 1999.

[59] Takashi Ikegami and Hiroyuki Iizuka, Turn-taking Interaction as a Cooperative and Co-creative Process, Infant Behavior and Development, vol.30, no.2, p.278-288, 2007.

[60] Trevarthen, C. The self born in intersubjectivity, The psychology of an infant communicating., In U. Neisser (Ed.), Emory symposia in cognition, 5. The perceived self: Ecological and interpersonal sources of self-knowledge (p.121-173). New York, NY, US: Cambridge University Press, 1993.

[61] Hiroki Kojima; Tom Froese; Mizuki Oka; Hiroyuki Iizuka; Takashi Ikegami., A Sensorimotor Signature of the Transition to Conscious Social Perception: Coregulation of Active and Passive Touch, Frontiers in Psychology, 2017, 8.01778.

第八章
意識的未來

意識是什麼？這個問題是生命科學中仍未解開的難題。倘若我們能解開這個謎，不僅對人類，更會對理解整個生命帶來重大發展。基於這一點，我們可以說，這個問題對 ALife 研究而言，是根本性的問題。

本章將複習 Libet 對人類的自由意志抱持懷疑所提出的知名實驗，同時思考意識這個系統在演化上的意義，以結構論的手法，探討創造出擁有意識的代理人或機器人的 ALife 研究，趨近意識的本質。

8.1 意識的瓶頸

對 ALife 而言，最根本的問題是「ALife 代理人是否會產生固定的時間與空間，具有人工意識？」，甚至是「ALife 可以擁有自由意志嗎？」，這是在創造 ALife 的研究過程中，一定會面臨的問題。

腦神經生理學家 Benjamin Libet 並非 ALife 的研究人員，但是他提出了關於意識及自由意志的兩個核心發現 [62]。我們可以稱之為「意識瓶頸」問題。首先，我們要探討 Libet 發現的內部時間、既視感（déjà-vu）、時間與記憶等問題。

人類意識到想做某件事前的 0.5 秒，身體已經做好準備，這就是 Libet 最初的發現。例如，我們想用手抓住某樣東西前的 0.5 秒，就已經展開動手所需的腦部活動。這樣可說是提高了大腦的「運算」效率。因為逐一產生意識，會在想要快速做某件事的時候形成瓶頸。這個準備階段的神經活動稱作「準備電位（readiness potential）」。

第二個發現是產生活動的時間順序顛倒的問題。同時刺激大腦的皮膚感覺區（第一次感覺），與刺激對應感覺區的皮膚部分時，產生感覺的時間順序會顛倒。這就是以下所示的「後測（postdiction）」現象。意思是直接刺激時，不會立刻產生對應該刺激（例如接觸手指）的感覺。如果活動模式（剛好）沒有持續 0.5 秒，就不會意識到。這也意味著，沒有意識到，就不會注意到刺激，同樣會造成瓶頸，形成時間性的速率限制步驟。可是，大腦這個結構不會讓我們感覺到這種瓶頸，這就是後測。

Libet 表示，只有刺激通過脊髓後面的傳輸路徑，到達大腦的感覺區時，才會出現誘發後測的神經活動模式。藉由後測，回溯時間，大腦以受到刺激的時間為優先，並將其當作「現在」。這就是 Libet 具體表現出來的實驗。

首先，刺激指尖的皮膚。這個刺激訊號經過時間 T 之後，抵達大腦，感受到手指受到刺激。刺激手指的同時，直接刺激大腦的第一感覺區，根據感覺區的身體地圖，在對應的身體上會感受到刺激。突然刺激大腦，當然會在 T 時間內，快速產生意識。可是，實際上比起直接刺激，應該會先感受到對皮膚的刺激。這樣才能防止腦中產生矛盾。

換句話說，「意識」這個系統利用控制主觀時間的方式，隱藏實際發生瓶頸的時間延遲，使其看起來一致，就像是自己組織自己的時間。

8.2 Libet 的實驗

從 Libet 的實驗與研究中發現到的後測現象，顯示出大腦的機制建立了腦內的主觀時間，有別於物理學上的客觀時間。

主觀時間與客觀時間的差異，除了出現在 Libet 發現的 0.5 秒微小時間差上，在日常生活中也可以觀察到。

例如，既視感（實際上，從未曾體驗過，卻感覺似曾相識）。兒童常出現既視感，但是長大之後，就很少發生，這是為什麼呢？倘若既視感是比對在某處看過的記憶，這樣大人應該會有較多的既視感。

換句話說，既視感或許與實際所見所聞的記憶無關，人類會反覆檢視自己的記憶，自行產生新的記憶，創造出模擬的既視感。隨著既視感減少，大人會覺得時間過得很快，兒童時期一年的記憶相當於成人的五年，這就是「電影的心理時間」。

看電影時，附加在記憶現象的時間長度會逐漸變化。電影用一個小時代表一分鐘，用三分鐘形容一萬年，這就是心理時間引起的表象。

那麼，既視感是為了消除矛盾而創造出來的假記憶嗎？

至少這樣做,當矛盾的記憶愈來愈多,意識會發揮整合作用,用某種形式將記憶統整起來,就像電腦的作業系統一樣。

最近,有人試著把後測這種消除矛盾的結構,應用在智慧型機器人上。例如,專門研究人工智慧的美國非營利團體 OpenAI 發表了使用後測,當機器人執行了與原本目標不同的行為時,會進行反省,累積經驗值,而不會當成錯誤。藉此創造出探索行為,進行 Meta Learning。實際上,這樣似乎可以快速解決問題。

我們在日常生活中,也可以觀察到與 Libet 的意識時間問題有關的主觀時間與客觀時間差異。例如,你應該聽過,發生車禍的瞬間,或玻璃杯掉到地上碎裂時,看起來像定格了。

美國神經心理學家 David Eagleman 針對這種心理定格,進行了有趣的實驗[63]。在這個實驗中,讓受測者搭乘自由落體,並說出到落下為止,自己認為過了多久,大部分的受測者都感覺比實際的物理時間長。於是 Eagleman 想到,提高電影幀數(人類感覺順暢的影像是一秒 60 格 <60fps>,實驗提高成 90 格、120 格),研究相對應的主觀時間,繼續進行以下的實驗。

在這個實驗中,讓受測者配戴「以平常更快的電影幀數顯示數字變化」的手錶。在搭乘自由落體往下時,請受測者檢視手錶上的數字。實際增加對應主觀時間的幀數之後,或許能看到手錶上高速變化的數字。

可惜這個實驗並沒有得到能顯著讀取的結果。但是延長主觀時間,對於探討意識而言是很重要的部分。如果可以測量主觀時間的長短,主觀時間本身或許可以成為科學研究的對象。

8.3　機器人操作

可是,機器人需要這種主觀時間嗎?到目前為止創造出來的機器人,是否曾自然產生一點點主觀性?

1950 年生理學家 Grey Walter 製造的真空管機器人「Machina speculatrix」,可以說是 ALife 機器人模型的原型[64]。

Walter 製作出兩個烏龜機器人 Elmer 與 Elsie,它們會一邊產生反射動作,或讓燈光閃爍,一邊跳舞。看起來就像在玩耍,讓人聯想到這樣或許是因為意識的關係。Walter 表示烏龜機器人是在模仿大腦的處理流程。

之後,1980 年 Valentino Braitenberg 的虛擬機器人「Braitenberg's Vehicle」吸引了許多對機器人有興趣的研究人員。就像第五章介紹過,Braitenberg 用虛擬實驗顯示出有意義的情感或認知行為不過只是電路的技巧。

英國薩塞克斯大學的 Inman Harvey 模仿 Braitenberg's Vehicle，持續研究，創造出演化式機器人領域。但是製作出實機版機器人的是 Rodney Brooks、Dario Floreano、Stefano Nolfi 等人。

Brooks 的包容式架構是根據反射式模組的階層結構與「赫布學習（Hebb Learning）」，創造出執行各種智慧行為的移動機器人。

赫布學習是指，根據心理學家 Donald Hebb 提倡的大腦突觸可塑性法則，當突觸同時發火時，突觸的傳輸效率會增強；相反地，如果長時間沒有發火，突觸的傳輸效率就會減弱（類神經網路的權重學習是根據赫布學習來進行）。

然而，在類神經網路中有更明確的學習方法，那就是讓目標函數最大化，使突觸的傳輸效率產生變化。與類神經網路的輸入方向相反，反向傳遞類神經網路的輸出目標值與目前數值之差的學習方式稱作「反向傳播法」，這是目前深度學習常用的方法。

Brooks 的機器人成功商業化，最後製作出掃地機器人 Roomba。這些成功的經驗反而導致意識與時間問題的發展停滯，產生了「需要意識嗎？」的質疑。

可是 Andy Clark 曾寫到，Brooks 創造的機器人無法做出複雜的行為，只有蟑螂的智慧[65]。

因此 90 年代之後，「遞歸神經網絡（Recurrent Neural Network, RNN）」的模型受到矚目。這是因為在 RNN 帶入了內部上下文，藉此思考非反射性的智慧、基於認知地圖的智慧。可是這些是意識模組嗎？

以大腦造影分析聞名的 Karl Friston，注意到大腦的特性是討厭模稜兩可的預測，擁有以環境為主的變分貝葉斯式預測模型「自由能原理（Free Energy Principle, FEP）」，一直以來被當成大腦的模型[66]。

換句話說，大腦非反射性，而是擁有對應某個外在環境的「內部模型」，並做出預測。現在可以說正在研發從 Braitenberg 的自主機器人（會感受到生命性的是觀測者的觀點），發展成擁有對應外在環境、具有內在模型的機器人。擁有意識是指具備這種內部模型並進行預測嗎？

然而，Brooks 創造出來的機器人，相當於沒有中樞神經系統的昆蟲。沒有大腦的生物除了昆蟲之外，還有很多種，他們難道沒有意識到沒有內部模型這件事？

Brooks 和 Schopenhauer 都提過，世界是我們的表象。認為草履蟲、昆蟲、大腸桿菌（只按照遺傳性來決定）沒有意識，可是對於草履蟲而言，如果世界是表象，那麼我們應該可以說草履蟲擁有外在化的意識吧？

有些研究人員懷疑狗或貓的意識，所以認為昆蟲沒有意識的人也很多吧！昆蟲就像是使用各個部位進行運算，利用各個部分擁有記憶的大規模平行處理感知系統。我認為要讓系統穩健，需要這種分散式、不同步的運算，這就是模控學初期一直提及的「盲眼鐘錶匠」。

可是，單憑這點或許無法激發意識。即使沒有意識，系統也足以在世上運作。既然如此，活下去就不需要意識吧？

我們假設意識是「伴隨著串聯式的時間流動結果」。倘若意識的時間是多時間性的，可能很難加上意圖或意義。另外有一種看法是，前面提過的後測（postdiction）最能感受到串聯性，認為這才是意識的真面目！

假設世上存在著無意識且在單一個體中，有著大量時間的多時間序列生物，這種生物恐怕不會出現 Libet 式的瓶頸，能有效率地產生行為吧！這樣思考下去，就會朝「演化不會產生意識」的方向前進。

因為擁有意識，使得決策時猶豫不決，導致行為生成延遲而不利生存，但創造內部模型則可以進行預測。演化通常會讓行動變快，加速複製。例如，第六章提到的 RNA 例子，長度短且簡單的基因，自我複製的速度快，所以會演化成最小複製基因。

可是，實際上並非如此，仍有許多冗長的基因。以相同的觀點分析意識，會認為看起來全都一無是處。

大腦的創造性似乎是由低效率的大腦冗餘性產生的。或許意識與最初描述的不同，擁有意識並非是為了整合資料，而是為了人類特有的創造性、想像力、藝術、思想變遷。如果建立了並非全都一無是處的理論，這種創造性最終會對自己有利。

即便是在 ALife 的環境，「冗餘性」也非常重要。因此，接下來我們要探討強調大腦無用部分的機器人。這是為了確認 ALife 不是最佳化用的工具，而是產生創造性並理解的方法。

例如，符合 ALife 程式的機器人一定可以建構出產生探索行為、「與事實相反的假設」（「如果～的話，會…吧」像這樣，假設與事實相反）等新行為模式的機器人。

假設這是擁有「意識」的機器人。ALife 的真正目的就是實際製作出實用的機器人。

以下將介紹幾個實際進行的研究。

8.4　具有意識狀態的機器人

Braitenberg's Vehicle 是從反射狀態，變化成具有內部狀態的結果，套用 Karl Friston 的說法，這是從目標導向（goal-oriented）行為生成，演化成習慣性（habitual）、無意識性的行

為生成。這不是直接感覺環境的狀態，再根據該狀態來選擇行為，而是有著對環境狀態的信念，根據該部分，自動選擇行為。

換句話說，就像 Brooks 提倡的「世界為表象」概念，意識的一半是從內側，另一半是從外側建立的。

以下要介紹 LEGO 機器人、拿取釘子機器人、判斷三角四角機器人、判斷閃爍週期機器人、聽聲跳舞機器人、「替代性嘗試錯誤」（VTE）機器人。同時討論最後的嘗試錯誤機器人會不會進行預測。

● LEGO 機器人

第一個機器人是簡單的 LEGO 機器人。這個機器人會根據聲音及光線的感測器進行學習，朝著目標前進。

妥善運用聲音與光線，可以進行以終點為目標的學習。存在於 LEGO 機器人內部的是赫布理論（某個神經元與其他神經元同時發火時，會加強耦合）。機器人會學習朝著光線或聲音的方向前進。

雖然偶爾這兩個資料來源會衝突，但是機器人可以往終點邁進。朝終點前進時，光感測器會產生強烈反應，只要持續強化學習，就能維持邁向終點的行為。

圖 8-1 LEGO 機器人

最近，發現了同樣能從赫布學習引導出來，剛好與其相反的「避免刺激原理」，當作同種類的學習機構應用 [67]。正確來說是按照刺激與反應時間尺度的可塑性「Stimulus Time Dependent Plasticity, STDP」，突觸的學習實際約為 30 毫秒（這種可塑性是指，受到刺激的神經元活化之後，反應神經元在 30 毫秒內活化的話，會強化彼此之間的耦合。如果時間順序顛倒，反而

會減弱）。根據這個學習原則，導出可以避免刺激的學習性質。使用這個原理進行機器人實驗，獲得了有趣的學習結果。

在這個實驗中，假設機器人撞到牆壁，就會從感測器收到刺激，與控制行為的神經元連結。和前面的腳本一樣，機器人往牆壁方向前進時，訊號傳到感測器，並且逐漸加強。

但是，這次的機器人實驗假設活化了撞到牆壁及避免撞牆的神經元。反覆前進時，就會不斷學習，當衝突消失時，感測器會停止活動，停止前面的 STDP 學習。一旦繼續學習，感測器有訊號輸入時，會立刻產生抑制行為。就像預測到衝突般事先改變方向，而不會發生衝突。

如果「預測＝意識」，那麼這種神經學習機構或許就是意識的來源。此外，這裡沒有嵌入預測模組，所以充其量只能說是神經細胞等級的學習結果。由於環境中有輸出入的因果關係，換句話說，類神經網路的輸出是產生自我輸入的原因，因為可以控制該原因，所以能順利學習。現在這項研究仍持續進行。

● 拿取釘子機器人

Rolf Pfeifer 等人利用實驗，建構出階層式的神經細胞學習，製作出自主性機器人 [68]。

具體而言，是在 Dario 與 Stefano 等人開發的初期 Khepera 機器人加上鉤子，讓機器人在放著兩個大小不同的「釘子」位置移動。利用演化演算法進化，自行搬運、收回適合鉤子大小的釘子。

在演化的初期階段，機器人會試圖瞭解釘子的尺寸，不久之後就能分辨釘子的大小。但是這種結果可以說機器人能感覺到大小嗎？這一點在當時引起了一些爭論。這個實驗非常有名，顯示出「大」、「小」的概念只在與身體運動有關時才會產生。

圖 8-2　拿取釘子機器人

● 判斷三角四角機器人

接著要討論在虛擬空間內移動的機器人分辨物體的案例。這也是利用 GA 讓累積小型 RNN 的機器人演化，變得能分辨形狀 [69]。

圖 8-3 的範例是讓機器人學會區分各種大小及方向的三角形與四角形。這張圖就是當時機器人的行進軌跡。演化的任務是停在四角形較多的位置,忽略三角形。每次演化,機器人都有自己的個性,例如不擅長分辨菱形等等。與其說機器人可以區分出何種三角形,倒不如說是產生了區分物體的趨勢。

這不是三角形的內角和為 180 度的抽象分辨,而是利用行為型態來區分。這一點與前面分辨釘子大小的 Pfeifer 機器人有異曲同工之妙。我們可以說這是基於具身化的分辨突現。

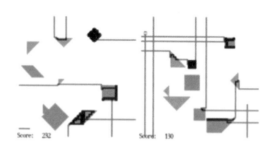

圖 8-3 判斷三角四角機器人的軌跡

● 判斷閃爍週期機器人

虛擬空間的機器人(圖 8-4 左)看到在終點的光線閃爍週期(圖 8-4 右),可以讓機器人演化成能分辨不同的閃爍週期 [70]。

機器人在某個閃爍週期會往前靠近,除此之外不靠近,利用盡量分辨出一半閃爍週期的任務讓機器人演化。這種模型最大的特色是,機器人不會接收外來訊號。

機器人配合自己的內部狀態,關閉或開啟感測器。關閉時,以內部的邏輯運作,開啟時,以外部的邏輯運作。利用關閉或開啟,會產生代表周圍的世界,而非自己建立的世界模型。

一般認為這個任務即使沒有自主性開關感測器,也可以達成,但是「表象生成」的意思並非隨時從環境中取得資料,而是清楚顯示有時會忽略這個部分。

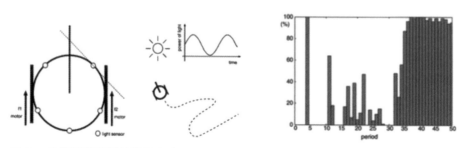

圖 8-4 判斷閃爍週期的機器人(左)與判斷閃爍週期的結果(右)

● 聽聲跳舞機器人

這也是實際的機器人實驗。使用輪子是喇叭的現有機器人（miuro），進一步演證行為與認知問題 [71]。機器人配合歌曲，主動開始跳舞。

圖 8-3 聽聲跳舞機器人（miuro）

在位於頭部的播放器放入 CD，把歌曲輸入 FitzHugh-Nagumo 型（FitzHugh-Nagumo model）的類神經網路。將這個類神經網路放入電腦中，該電腦就會接收 miuro 的輸入。

電腦計算 miuro 的兩輪轉動力矩當作輸出，再回傳給 miuro。此時，會伴隨著零點幾秒的延遲。如果設計成全都在電腦中完成，音樂與行為會完全無法吻合。

因此我們建立稱作「機器人時間」的緩衝時間來解決這個問題。準備中間尺度的時間，把一定的積分傳遞給機器人。如此一來，就能看到機器人配合歌曲跳舞了。

可以稱作中間尺度的機器人時間，成為連接現實與虛擬空間的橋梁。這點讓人想到在進行機器人實驗時，應該需要 Libet 的主觀時間結構。

● 「替代性嘗試錯誤」（VTE）機器人

如同到目前為止的實驗，機器人是透過自己的身體運動來認識世界。其他的例子還有在白老鼠身上看到的「替代性嘗試錯誤（Vicarious Trial and Error, VTE）」。

這就像是利用虛擬空間模擬白老鼠面對現實狀況的行為。1930 年定義 VTE 是指白老鼠在迷宮的分岔點停止，鼻子左右嗅聞的行為。

VTE 生成機器人使用的是由 Bovet 與 Pfeiffer 提出的機器人 [72]。利用該機器人，調查是否出現 VTE [73]。以人工類神經網路建構近紅外線感測器（IR）、獎勵模組（Reward）、視覺感測器（Vision）、觸覺感測器（Touch）、移動輸出（Motor），並用傳遞訊號的方式耦合元素。

這些耦合都是透過前面說明過的赫布理論來學習的。此次機器人的任務是學習 T 字型迷宮。轉角的前方有著刺激觸覺的模型，轉過去之後，走廊的盡頭就會有獎勵，而機器人要學著把它找出來。

圖 8-6 顯示了兩個機器人的類神經網路結構，比較具有冗餘耦合類神經網路（左邊全部連結）及非如此時（為了達成任務，思考出來的最少結果）的情況。結果發現了只有左側可以建立 VTE。此外，出現 VTE 的那邊，一般化能力最強（即使改變迷宮的寬度，機器人不管在哪個位置，都能達成任務）。

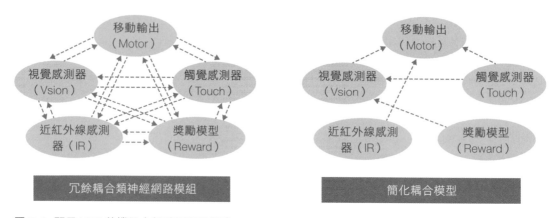

圖 8-6 顯示 **VTE** 的機器人類神經網路結構

從 VTE 的機器人實驗可以瞭解，想前往終點的機器人為了達成任務所做出的行為，還會產生各種「行為起伏」。這可說是身體出現意料之外的行為，因此讓人想稱之為機器人的「無意識」。同時機器人利用內部模型表現環境，產生環境的認知地圖（與實際的地圖不同，是主觀的「外表」產生的地圖），建立自我行動計畫。

就像本書說明過，ALife 思考的生命本質，可以說是因為學習的不穩定及演化變異才會產生個體性（individuality 或 agency）。VTE 是對這種個體而言，很重要的「幻想」力。

8.5 擁有意識的代理人

最終我們可以創造出有意識的機器人嗎？目前，如果要讓意識比神經發火伴隨的現象更有意義，就是「自然製造出來的 VR（虛擬實境）」吧！

假如任何地方都沒有真正的現實，全部都是大腦創造出來的，只要演化成擁有自然 VR 的代理人即可。這裡介紹的機器人模型是用模擬方式創造出環境及對手的模型（就結果而言）。實際使用產生出來的 VR，並在現實環境中移動的代理人，是一種顯示 VTE、會自行產生或消除與環境耦合的系統。

這種代理人會用內在表象取代外在環境，進行包含自己的行為模式在內的預測。修正該表象做的預測，同時再預測。然後按照該表象產生的模擬，進行行為選擇。這或許與 Karl Friston 及谷淳的想法很接近。心理學家 Helmholtz 及重新詮釋的物理學者 Otto Rössler 似乎也思考著同樣的事情。

這種預測與修正模型也許會內建在自駕車上。因為擁有內部表象，而能製造出提供目的地，就會自動朝向該處前進的車輛。

一旦創造出可以自行決定目的的車子，就能形成生命性。可是，假設表象與預測模型是正確的，該代理人可以反覆用囚徒困境合作嗎？即使製作出內部模型，也無法順利完成，這就是前面說明過的模型生成問題。

囚徒困境可以選擇兩種行為。一個是合作「C」，另外一個是背叛「D」。重複進行這個遊戲時，每次一定要選擇 C 或 D。

這裡的穩定模型是「總是背叛：ALLD（ALL Defect）」。雖然這是穩定的模型，卻不是會產生合作解（出現彼此合作的 C）的模型。如果要出現合作解，就要像第七章介紹過的捉迷藏，玩家必須具備穩定性與不穩定性模型，這點很重要。換句話說，要偶爾出現 C 的行為，嘗試錯誤。

如果生命世界預設是「ALLD」（不合作），沒有嘗試錯誤的 C，生命存在的世界就很難產生穩定的關聯性。

假設出現嘗試錯誤的 C，就能發現潛在可以合作的代理人。現實世界的難處在於，無法在建構對手模型的同時，先合作進行實驗。面對的永遠是正式的情況，很難在現實生活中存活。可是，這種嘗試錯誤的行為，才能形成具有創造性、協調性的世界吧！

就像現實與非現實，或現實與夢境，我們必須接受內在外在的回饋，同時對世界做出貢獻，換句話說，我們需要「公開的表象」——這究竟是什麼意思？這是指要產生建立正確模型，並且能進入虛擬世界裡的矛盾代理人。假設這就是意識的功能，那麼大腦就是 VR 生成裝置。

這裡終於感覺到從機器人「跳躍」至生命性。如果沒有內部的動機，並與主要需求及次要需求、好奇心、玩心建立連結，機器人就不會有生命。

現在，生成裝置「GAN（Generative Adversarial Network）」負責讓模型區別現實／非現實。GAN 是同時擁有生成器與判別器的模型。生成器是學習製作出與本尊幾乎一模一樣的東西，欺騙判別器；相反地，判別器是判斷生成器產生的東西，彼此競爭同時學習。

Adversarial 的意思是「競爭」，這是在模型中，製造出現實（最初外在給予的輸入）與非現實（機器按照輸入產生的結果），同時不斷學習。根據這一點，可以製作出前所未有的精密外在。

或像「Deep Dream」一樣，製作出具有外觀與現實世界混合的世界認知之代理人。這不僅僅是代理人這麼認為，我們人類也這麼做。

讓代理人根據這種「外觀」回饋產生行為會如何？換句話說，這並非意味著強勢修正記憶與「現在、這裡」體驗的現實差異，而是利用回饋產生的情緒、動機、未來預測、對他人的想法，才能看到或隱藏著意識的突現。意識是在這種回饋中產生的要求，或者是情緒、情感的流露。

德國的 Wissner-Gross 等人提出利用未來行為增加多樣性（entropy）來選擇行為的模型 [74]。英國的 Daniel Polanyi 等人也提出了相同的模型 [75]。

我們從這種研究中，獲得的訊息是對動力系統模型的懷疑。

Life is what happens to you while you're busy making other plans.

（生活就是當你忙於其他計畫時，發生在你身上的事）

這句話是 John Lennon 的名言。計畫是動力系統的未來，但是實際上無法預測，而是由外在的干預決定未來。

意識或許可以說不是預測未來，而是為了生存，不得已形成動力系統所產生的心靈型態。意識的定義與討論它的論文一樣多，無法整合成一個明確的結果。更何況，討論有意識的系統或許還太早。

可是，有趣的是，利用以動力系統為開端的 ALife 研究（本章介紹的模型大部分也是按照決定論的規則，隨著時間發展，改變狀態的動力系統）探究生命，卻留下了非動力系統、有非決定論性的結果。

今後，意識一定會在持續進行的世界研究中，變得愈來愈具體。

參考文獻

[62] Libet, Benjamin.; Gleason, Curtis A.; Wright, Elwood W.; Pearl, Dennis K.; Time of Conscious Intention to Act in Relation to Onset of Cerebral Activity(Readiness-Potential) - The Unconscious Initiation of a Freely Voluntary Act, Brain, vol.106, p.623-642, 1983.

[63] Eagleman, D. M., Distortions of time during rapid eye movements, Nat Neurosci, 2005a, vol.8, p.850-851.

[64] Walter, W. Grey., An imitation of life, Scientific American, 182.5, p.42-45, 1950.

[65] Clark, Andy., Being There: Putting Brain, Body, and World Together Again, MIT Press, Cambridge, 1997.

[66] Friston K.; Kilner J.; Harrison L., A free energy principle for the brain, J Physiol Paris, Jul-Sep, vol.100(1-3), p.70-87, 2006.

[67] Julien Hubert; Eiko Matsuda; Eric Silverman; Takashi Ikegami, A robotic approach to understand robust systems, The 3rd International Symposium on Mobiligence, p.361-366, 2009.

[68] Christian Scheier; Rolf Pfeifer, Classification as sensory-motor coordination, Proceedings of European Conference on Artificial Life (ECAL 1995), p.657-667, 1995.

[69] Gentaro Morimoto and Takashi Ikegami, Exploration Behavior in Shape Discrimination, AI Robotics and Control Proceedings of the 4th International Conference on Human and Artificial Intelligence Systems, Advanced Knowledge International Pty. Ltd., p.209-214, 2004.

[70] Hiroyuki Iizuka and Takashi Ikegami, Simulated autonomous coupling in discrimination of light frequencies, Connection Science, vol.17, p.283-299, 2004.

[71] J. Aucoutier, Yuta Ogai and Takashi Ikegami, Making a robot dance to music using chaotic itinerancy in a network of FitzHugh-Nagumo neurons, Proc. of the 14th Int' l Conf. on Neural Informaiton Processing, 2007.

[72] Bovet, S., Pfeifer, R., Emergence of delayed reward learning from sensorimotor coordination, IEEE/RSJ International Conference on Intelligent Robots and Systems(IROS), Edmonton, p.841-846, 2005.

[73] Eiko Matsuda; Julien Hubert; Takashi Ikegami, A Robotic Approach to Understanding the Role and the Mechanism of Vicarious Trial-And-Error in a T-Maze Task, PLoS ONE, vol.9, no.7, 2014, e102708.

[74] Wissner-Gross, A.D. and Freer, C.E., Causal Entropic Forces, PRL 110 168702, 2013.

[75] Jan T. Kim; Daniel Polani, Exploring Empowerment as a Basis for Quantifying Sustainability, ALIFE, p.21-28, 2009.

附錄
本書使用的原創函式庫

在本書的範例程式中，使用了將模擬結果視覺化、模擬代理人模型的簡易函式庫。以下要說明這些函式庫的用法。

1. Visualizer

在 alifebook_lib.visualizers 的 XXXVisualizer 類別是把模擬結果視覺化的類別。初始化後，會呼叫 update 方法來更新畫面。

此外，執行應用程式時，bool(visualizer) 會回傳 True，但是按下關閉按鈕後，就會回傳 False。

以下是典型的用法。

```
visualizer = Visualizer()
— 初始化模擬狀態 —
while visualizer:
— 進行模擬 —
    visualizer.update(simulation_result)
```

以下要介紹是各類別的初始化參數、update 方法的引數、各類別可以獨自使用的方法。

class　ArrayVisualizer(width=600, height=600, history_size=600, value_range_min=0, value_range_max=1)

這是將一維陣列視覺化的類別。

update 的引數：

NumPy 的一維陣列

初始化參數：

width, height (optional)

顯示視窗的大小

history_size (optional)

在畫面上顯示到幾個為止的陣列

value_range_min, value_range_max (optional)

顯示陣列內的最小值與最大值（超出這個範圍時，會顯示為此值）

class　MatrixVisualizer(width=600, height=600, value_range_min=0, value_range_max=1)

這是將二維陣列視覺化的類別。

update 的引數：

NumPy 的二維陣列

初始化參數：

width, height　(optional)

顯示視窗的大小

value_range_min, value_range_max　(optional)

顯示陣列內的最小值與最大值（超出這個範圍時，會顯示為此值）

class　SCLVisualizer(width=600, height=600)

這是將 SCL 模型視覺化的類別。

update 的引數：

以本書第三章介紹的格式，傳遞 SCL 模型的資訊

初始化參數：

width, height (optional)

顯示視窗的大小

---

class　SwarmVisualizer(width=600, height=600)

這是把三度空間內，具有方向的點群（鳥群等）視覺化的類別。

update 的引數：

第一引數是點的位置，第二引數是以 N×3 的 NumPy 二維陣列形式，傳遞各點的方向

初始化參數：

width, height (optional)

顯示視窗的大小

set_markers(position)：

與點群不同，在空間內顯示標記。在 position 傳遞 N×3 的 NumPy 二維陣列

2. Simulator

在 alifebook_lib.simulators 的 XXXSimulator 類別是用來模擬代理人模型的環境。此外，還可以同時進行即時視覺化。

以下是典型的用法。

```
simulator = Simulator(simulation_setting_parameters)

while simulator:
    sensor_data = simulator.get_sensor_data()

    ─ 使用 sensor_data 計算代理人的行動（action）─

    simulator.update(action)
```

如果希望利用遺傳演算法等，在一次的程式中，執行多次模擬時，可以使用 reset(random_ seed) 方法，讓模擬器恢復成預設狀態。在引數設定亂數的種子，能控制內部的亂數生成。

以下是各類別的建構子參數、get_sensor_data 方法的還原值、給予 update 方法的 action 格式、類別可以獨自使用的方法。

---

class VehicleSimulator(width=600, height=600, obstacle_num=5, obstacle_radius=30, feed_num=0, feed_radius=5)

這是模擬本書第五章的兩輪機器人並視覺化的類別。

模擬的空間是在四邊被牆壁包圍的正方形競技場，置入障礙物與聚集機器人的目標（食物）。機器人在一定時間內接觸到的目標會消失，並在空間內的隨機位置產生新的目標。機器人有左右車輪、左右斜前方的距離感測器、感測是否與目標接觸的感測器。

get_sensor_data 的回傳值：

在 Python 字典格式的各個感測器數值

```
{
    "left_distance": float
    "right_distance": float
    "feed_touching": bool
}
```

action 的格式：

元素 2 的串列或 NumPy 陣列

[left_wheel_speed(float), right_wheel_speed(float)]

初始化參數：

width, height (optional)

顯示視窗的大小

obstacle_num（optional）

障礙物的數量。在競技場內，將障礙物配置成圓形

obstacle_radius（optional）

障礙物的大小

feed_num（optional）

目標對象的數量

feed_radius（optional）

目標對象的大小

set_bodycolor(color)：

在 color 設定機器人的顯示色。在 color 中，各色為 0 到 1，用 (red, green, blue) 的元組格式提供 RGB 值。

---

class　AntSimulator(N, width=600, height=600, decay_rate=1.0, hormone_secretion=None)

這是模擬本書第六章與第七章的螞蟻代理人模型並視覺化的類別。

代理人利用七個感測器，偵測外在分布的化學物質濃度。此外，也可以設定自己本身也會分泌化學物質。

get_sensor_data 的還原值：

N×7 的 NumPy 二維陣列。N 是代理人的數量、各行是代理人感測器的數值

action 的格式：

N×2 的 NumPy 二維陣列。N 是代理人的數量、第一行是各個代理人的速度、第二行是各代理人的角速度

初始化參數：

N

代理人的數量

width, height (optional)

顯示視窗的大小

decay_rate (optional)

環境的化學物質衰減量

數值愈大，衰減愈慢，數值 1 完全不會衰減

hormone_secretion (optional)

代理人本身分泌的化學物質量

在各個步驟中，於代理人的中心 5×5 格點，附加這個量的化學物質。但是，化學物質的濃度最大量是 1，即使超過 1 也沒有意義。設定成 None 時，代理人不分泌化學物質，反而會吸收化學物質。

set_agent_color(index, color)：

在 color 設定第 index 的代理人顯示色。在 color 中，各色為 0 到 1，用 (red, green, blue) 的元組格式提供 RGB 值

get_fitness()：

把目前代理人的 fitness 值放入大小為 N 的陣列然後回傳。這裡的 N 是最初設定的代理人數量

3. 實際進行 ALife 程式設計

這裡介紹的是本書學習用的簡易類別，瞭解本書的內容之後，接下來請各位讀者利用你慣用的語言、函式庫、更高功能的工具等，挑戰 ALife 程式設計。

以下推薦一些函式庫，提供你當作參考。

● 在 Python 可以使用的視覺化函式庫

-Matplotlib

以統計圖為主，Python 的標準視覺化套件

-Bokeh

使用瀏覽器，達到互動式視覺化的高功能套件

-HoloViews

這是方便使用 Matplotlib 及 Bokeh 的套件

-VisPy

可以使用 OpenGL 的高功能視覺化（在本書的函式庫內使用）

-Glumpy

與 VisPy 類似，會注意到更低的階層，適合熟悉 OpenGL 的人

● **適合用 Python 以外的語言及其框架進行模擬或視覺化的函式庫**

-OpenFrameworks（C++）

-Processing（與 Java 類似的特殊語言）

-JavaScript + HTML5 Canvas

索引

依中文筆畫排序

● 作者簡介

岡 瑞起（おか・みずき）

工學博士，筑波大學系統資料系副教授，網路科學研究者

畢業於 United World College of the Adriatic（UWCAD），筑波大學研究所系統資訊工學研究系博士課程修畢。擔任過東京大學知識結構化中心特任研究員、筑波大學助教，之後才至現職。把網站當作新的「自然現象」，進行「生態系」結構研究。在 2016 年 7 月與池上高志、青木龍太成立「ALIFE Lab.」，展開促進 ALife 研究人員與其他領域共創的活動。專長是網路科學及人工生命。人工智慧學會網路科學研究會主委、ALTERNATIVE MACHINE（股）公司常務董事。

「Web science Lab」http://websci.cs.tsukuba.ac.jp/

「岡瑞起」http://mizoka.jp/

池上高志（いけがみ・たかし）

理學博士。東京大學研究所綜合文化研究系教授、複雜系統科學・ALife 研究者生於 1961 年。東京大學理學院物理系畢業，同研究所理學系研究科博士課程修畢後，前往美國洛斯阿拉莫斯國家實驗室留學。曾任職神戶大學研究所自然科學研究科助手、東京大學研究所綜合文化研究科助理教授、荷蘭烏特勒支大學理論生物學招聘研究員、東京大學研究所綜合文化研究科教授等，自 2010 年起轉任現職，一直到現在。持續以複雜系統與人工生命為研究主題，同時也努力投入結合藝術與科學領域的活動。著作包括《人間と機械のあいだ 心はどこにあるのか》（講談社）、《動きが生命をつくる─生命と意識への構成論的アプローチ》（青土社）、《生命のサンドイッチ理論》（講談社）、《複雑系の進化的シナリオ─生命の発展様式》（朝倉書店）等。

「池上高志研究室」http://sacral.c.u-tokyo.ac.jp/

Dominick Chen

學際情報學博士。早稻田大學文化構想學院副教授、企業家、情報學研究者

生於 1981 年。加州大學洛杉磯分校 (UCLA)Design/MediaArts 系畢業，東京大學研究所學際情報學府博士課程修畢。任職過 NTT InterCommunication Center〔ICC〕研究員／策展者，

NPO CommonSphere（Creative Commons Japan）理事、Dividual 共同創立者・董事。2008 年獲得 IPA 創新 IT 人才培育計畫・Super Creator 認證。從事研究福祉與科技的關係、人工生命技術與創造性的關聯性、介面設計活動。著作有《謎床—思考が発酵する編集術》（晶文社）、《電脳のレリギオ—ビッグデータ社会で心をつくる》（NTT 出版）、《インターネットを生命化する—プロクロニズムの思想と実践》（青土社）、《フリーカルチャーをつくるためのガイドブック—クリエイティブ・コモンズによる創造の循環》（FILM ART 公司）等。翻譯作品有《ウェルビーイングの設計論—人がよりよく生きるための情報技術（Positive Computing: Technology for Wellbeing and Human Potential）》（BNN 新社）、《シンギュラリティ—人工知能から超知能まで（The Technological Singularity）》（NTT 出版）

青木 龍太（あおき・りゅうた）

概念設計師、社會雕刻家

VOLOCITEE（股）公司總經理、ALTERNATIVE MACHINE（股）公司常務董事、「TEDxKids@Chiyoda」設立者兼策展者、「Art Hack Day」、「The TEAROOM」、「TAICOLAB」、「ALIFE Lab.」的共同設立者兼總監。在藝術、科學、文化領域，從事概念設計、指導、專案企劃、事業開發。

http://ryutaaoki.jp/

丸山 典宏（まるやま・のりひろ）

東京大學研究所綜合文化研究科特任研究員

生於 1984 年，東京大學研究所綜合文化研究系學分修滿。在同研究所池上高志研究室研究 ALife 領域，同時在大學內外，以藝術作品製作、開發業務等軟性與硬性兩方面著手，主要從事技術人員的工作。

● 關於 ALIFE Lab.

「ALIFE Lab.」是促進人工生命研究者與其他領域合作的跨領域社群，以本書作者為主，於 2016 年 7 月開始啟動。「生命是什麼？」對於這個根本問題，無法光靠科學領域找到答案。針對這個問題，ALIFE Lab. 加入藝術、設計、音樂、流行時尚、媒體等多元化觀點，成為促進與其他領域共同創造的平台。

ALIFE Lab. 的目標是將 ALife 研究者擁有的知識及想法與社會結合，展開共創活動。管理運用了生命系統理論所開發出來的新發想方法或思考方法，以及藝術作品製作等。另外，還舉辦傳授人工生命的概念與技術的活動、課程、座談會。2018 年在東京舉辦由 ALife 提倡，從 1987 年開始就持續集合全世界 ALife 研究者的人工生命國際學會「ALIFE 2018」。

該活動透過 ALife Lab. 的官網及 Facebook 等方式發布消息。

官網 http://alifelab.org/

Facebook https://www.facebook.com/alifelab.org/

A-Life｜使用 Python 實作人工生命模型

作　　　者：岡瑞起 / 池上高志 / ドミニク・チェン / 青木太
　　　　　丸山典宏
譯　　　者：吳嘉芳
企劃編輯：莊吳行世
文字編輯：王雅雯
設計裝幀：陶相騰
發 行 人：廖文良

發 行 所：碁峰資訊股份有限公司
地　　　址：台北市南港區三重路 66 號 7 樓之 6
電　　　話：(02)2788-2408
傳　　　真：(02)8192-4433
網　　　站：www.gotop.com.tw
書　　　號：A597
版　　　次：2019 年 06 月初版
建議售價：NT$520

國家圖書館出版品預行編目資料

A-Life：使用 Python 實作人工生命模型 / 岡瑞起等原著；吳嘉芳譯.
　-- 初版. -- 臺北市：碁峰資訊, 2019.06
　　面；　　公分
　ISBN 978-986-502-147-4(平裝)
　1.人工智慧　2.Python(電腦程式語言)
312.83　　　　　　　　　　　　　　　108007789

讀者服務

- 感謝您購買碁峰圖書，如果您
  對本書的內容或表達上有不清
  楚的地方或其他建議，請至碁
  峰網站：「聯絡我們」\「圖書問
  題」留下您所購買之書籍及問
  題。(請註明購買書籍之書號及
  書名，以及問題頁數，以便能
  儘快為您處理)
  http://www.gotop.com.tw

- 售後服務僅限書籍本身內容，
  若是軟、硬體問題，請您直接
  與軟體廠商聯絡。

- 若於購買書籍後發現有破損、
  缺頁、裝訂錯誤之問題，請直
  接將書寄回更換，並註明您的
  姓名、連絡電話及地址，將有
  專人與您連絡補寄商品。